MATHEMATIQUES
&
APPLICATIONS

Directeurs de la collection:
J. M. Ghidaglia et P. Lascaux

1

MATHEMATIQUES & APPLICATIONS

Comité de Lecture / Editorial Board

Directeurs de la collection:

J. M. GHIDAGLIA et P. LASCAUX

Instructions aux auteurs:

Les textes ou projets peuvent être soumis directement à l'un des membres du comité de lecture avec copie à J. M. GHIDAGLIA ou P. LASCAUX. Les manuscrits devront être remis à l'Éditeur *in fine* prêts à être reproduits par procédé photographique.

Nguyen Quoc Son

Stabilité des structures élastiques

Springer-Verlag
Paris Berlin Heidelberg New York
Londres Tokyo Hong Kong
Barcelone Budapest

NGUYEN Quoc Son
Laboratoire de Mécanique des Solides
Ecole Polytechnique
91128 Palaiseau, France

Mathematics Subject Classification:
70K10, 70K15, 70K20, 73C50, 73H05, 73H10

ISBN 3-540-58927-9 Springer-Verlag Berlin Heidelberg New York

© Springer-Verlag Berlin Heidelberg 1995
Imprimé en Allemagne

SPIN: 10479421   41/3140 · 5 4 3 2 1 0 · Imprimé sur papier non acide

Préface

C'est très volontiers que j'écris quelques lignes en tête de cet ouvrage en réponse à l'invitation de son auteur. A vrai dire ce dernier n'a pas à être présenté. L'oeuvre de mon jeune collègue et ami Nguyen Quoc Son lui vaut une flatteuse réputation auprès de la communauté mécanicienne nationale et internationale. Sa demande est donc le témoignage d'une fidélité toute gratuite envers un ancien, éloigné depuis plusieurs années de l'Ecole Polytechnique et de l'Université, à laquelle je suis très sensible et que je ne pouvais qu'accepter avec reconnaissance. Elle me procure le privilège d'avoir été l'un des premiers lecteurs de son livre et de pouvoir exprimer quelques réflexions que m'inspire sa lecture.

Tout d'abord, c'est manifestement l'oeuvre d'un mécanicien. Un mathématicien, un physicien, un ingénieur qui auraient traité ce même sujet auraient écrit un livre différent. Le style de la démarche est d'inspiration mathématique, dépouillé de tout ce qui pourrait voiler l'axe de la progression ou alourdir cette dernière. C'est ainsi que le lecteur est très adroitement et très économiquement conduit à utiliser les ressources de l'analyse fonctionnelle et notamment le maniement des dérivées directionnelles et des dérivées. Mais l'objectif majeur n'est jamais perdu de vue : il s'agit d'étudier la stabilité des systèmes mécaniques.

Toutefois, alors que les traitements classiques de ces systèmes sont habituellement ordonnés selon leur nature géométrique - poutres, tiges, arcs, plaques, coques - le présent ouvrage progresse selon la logique des étapes qui permettent de pénétrer plus profondément dans le concept de stabilité pour en révéler aussi bien les outils et les méthodes que les multiples facettes : théorèmes de Liapounov, points limites, points de bifurcation, équilibres bifurqués, bifurcation en modes multiples, bifurcation statique et dynamique, bifurcation de Hopf, prise en compte des imperfections. Ainsi le lecteur est-il bien préparé pour attaquer lui même les questions de stabilité dans d'autres disciplines scientifiques ou techniques. Une fois encore, la mécanique se révèle comme la discipline de base de la physique macroscopique et des sciences de l'ingénieur.

Une dernière remarque pour souligner combien il est heureux que de jeunes collègues aient aujourd'hui le souci, comme Nguyen Quoc Son, de publier des ouvrages sur des sujets bien définis correspondant à un enseignement de durée limitée. Des monographies, comme celle que j'ai l'honneur de préfacer ici, représentent des restructurations du savoir renouvelant les points de vue et les modes de présentation et contribuent ainsi très efficacement au renforcement de la culture scientifique de notre pays. Nos diplômes et nos concours nationaux comme nos voies de formation trop uniformisées ne disposent pas les professeurs à innover. La créativité des enseignants et des étudiants s'en trouve étouffée au lieu d'être stimulée. Les monographies sur des sujets hors des programmes classiques constituent un moyen efficace de combattre cette tendance qui présente bien des inconvénients. De plus en cette période de mutation de nos universités et de nos filières qui voient affluer en masse les étudiants, il faut augmenter la production d'ouvrages écrits capables de répondre aux besoins des étudiants francophones et de tous ceux engagés dans la vie active et qui ont la nécessité de mettre à jour leurs connaissances. La génération à laquelle j'appartiens a certes fait de grands efforts pour donner des cours de qualité. Mais pour des raisons variées, elle s'est souvent contentée de ne faire profiter des enseignements qu'elle offrait qu'un nombre très limité d'étudiants : ceux qui assistent au cours oral. Quel manque de rayonnement en égard du travail fourni ! Quel défaut d'efficaci -té ! C'est pourquoi, je me réjouis des initiatives comme celle à qui l'on doit cet excellent petit livre. Que les auteurs soient vivement encouragés et gratifiés. Je forme le voeux que tous ceux qui exercent une responsabilité dans nos enseignements supérieurs aient le souci de favoriser la publication d'ouvrages de qualité qui répondent à l'attente des générations de demain.

Paul Germain
Secrétaire Perpétuel
de l'Académie des Sciences

Avant-Propos

Ce petit livre résulte de mes notes de cours sur la Stabilité Elastique, cours de spécialité offert à l'Ecole Nationale des Ponts et Chaussées, à l'Ecole Polytechnique et aux divers DEA de Mécanique de la Région Parisienne.

Il s'agit d'une présentation simple des notions de base et des principaux résultats de la théorie de stabilité et de bifurcation des structures élastiques usuelles. Le niveau pré-requis nécessaire pour une bonne compréhension correspond à Bac + 3, ce livre est donc accessible aux étudiants de Maitrise Scientifique et aux élèves des Grandes Ecoles d'Ingénieurs. Chaque chapitre convient pratiquement à une séance de trois heures pendant laquelle les exercices sont traités "dans la foulée" après le cours théorique.

Répondant à son premier objectif, à savoir enseignement et initiation, ce document est aussi utile aux ingénieurs et aux lecteurs avertis qui cherchent une présentation naturelle et complète permettant de faire le lien entre les ouvrages de style ingénieur comme "Theory of Elastic Stability" de Timoshenko et Gere [88] et les traités mathématiques plus modernes mais d'accès plus difficile. La liste des références est donnée dans cette optique. Elle présente un aperçu assez complet des ouvrages, des articles et des discussions sur la stabilité élastique provenant des auteurs de toutes tendances.

Le point de vue développé par W. T. Koiter dans sa thèse [55] a été suivi fidèlement. Les résultats divers de l'analyse de bifurcation et de post-bifurcation sont donnés dans ce cours sous une forme complète et directement exploitable pour les applications pratiques, en particulier ils sont tout à fait adaptés aux calculs numériques par la méthode des éléments finis.

J'ai privilégié dans cette présentation les idées, l'intuition physique, la portée et l'expression finale des résultats au dépens des méthodes mathématiques. Ainsi, plusieurs aspects importants de la théorie tels que les classifications, les formes canoniques, le traitement systématique des symétries, les problèmes mathématiques posés lors du passage au continu etc, ont été jugés trop techniques pour être inclus dans ce petit cours. Des questions importantes concernant la bifurcation en mode multiple, le traitement des imperfections peuvent être aussi expliquées autrement, par exemple à partir de la méthode de Liapounov-Schmidt d'une manière plus systématique et unitaire. Conscient de ces lacunes, ce texte ne prétend nullement être un traité de bifurcation comme il en existe dans la littérature. Mes débuts dans le domaine de la stabilité des structures, en particulier à l'impulsion du Groupe de Travail EDF-CEA sur le

Flambage à Lyon lors des années 80, m'ont incité à proposer cette formule intermédiaire, plus adaptée au Calcul des Structures.

Pour bien s'initier à la stabilité en Calcul des Structures, le lecteur peut par exemple consulter dans l'ordre, d'abord le chapitre 10 du Cours de P. Germain [46] pour un panorama complet des problèmes de stabilité en Mécanique, vient ensuite ce cours puis les travaux de M. Potier-Ferry . Une petite connaissance de Mécanique Rationnelle est aussi utile, bien que non indispensable, à une bonne compréhension des exemples. Les travaux numériques de l'équipe DEMT du CEA fournissent les outils nécessaires au calcul de flambage des structures usuelles.

Je tiens à remercier dans ce bref *Avant Propos* mes collègues et amis S. Akel, Y. Bamberger, G. Baylac, P. Bérest, A. Cimetière, A. Combescure, A. Léger, A. Millard, Y. Mézière, M. Potier-Ferry, C. Stolz, N. Triantafyllidis et R. Valid d'avoir partagé avec moi à des occasions diverses leur passion sur la Stabilité. En particulier, D. Girardot m'a fait part de ses remarques pertinentes sur le théorème de Liapounov et sur le flambage dynamique.

Je ne saurais oublier mes collègues H.D. Bui et P. Ladevèze pour leur proposition et leur support constant, G. Geymonat et M. Potier-Ferry pour leur soutien du projet de parution de ces notes dans la collection SMAI, le professeur P. Germain pour la préface. Qu'ils reçoivent ici mes vifs remerciements.

Enfin, j'exprime toute mon amitié à mes collègues du LMS, mêlés de près ou de loin à ce cours, pour m' avoir encouragé, m'avoir corrigé ou même m'avoir "subi" (pour certains), en particulier à Dj. Boussaa, A. Constantinescu, H. Maitournam, Z. Moumni et A. Ouakka dont le concours m'a été indispensable pour obtenir cette belle version LaTeX.

Palaiseau, le 21 Novembre 1994.

Table des matières

Liste des figures

Chapitre 1

Stabilité d'un équilibre

On considère dans ce chapitre l'évolution dynamique d'un système mécanique décrit par un nombre fini de paramètres indépendants. Le vecteur $\mathbf{q}(t)$ de composantes q^i, $i = 1, \cdots, n$ caractérise l'état et la position du système à un instant t et $\dot{\mathbf{q}}(t)$ représente sa vitesse $\frac{d\mathbf{q}}{dt}$.

1.1 Equation de mouvement

On rappelle que l'évolution dynamique du système est gouvernée par l'équation fondamentale de la mécanique :

$$\delta W_e + \delta W_i + \delta W_j = 0 \quad \text{pour tout mouvement virtuel } \delta \mathbf{q} \qquad (1.1)$$
$$\text{où} \quad \delta W_e = \mathbf{Q}(\mathbf{q}, \dot{\mathbf{q}}, t)\delta\mathbf{q} \ , \ \ \delta W_i = \mathbf{L}(\mathbf{q}, \dot{\mathbf{q}}, t)\delta\mathbf{q} \ , \ \ \delta W_j = \mathbf{J}(\mathbf{q}, \dot{\mathbf{q}}, \ddot{\mathbf{q}}, t)\delta\mathbf{q}$$

désignent respectivement la puissance virtuelle des efforts extérieurs, des efforts intérieurs et des efforts d'inertie, cf. par exemple [10], [25] ou [46].

L'équation de mouvement s'écrit donc :

$$\mathbf{Q}(\mathbf{q}, \dot{\mathbf{q}}, t) + \mathbf{L}(\mathbf{q}, \dot{\mathbf{q}}, t) + \mathbf{J}(\mathbf{q}, \dot{\mathbf{q}}, \ddot{\mathbf{q}}, t) = \mathbf{0} \qquad (1.2)$$

et représente un système de n équations différentielles du second ordre.

Pour le résoudre, il est nécessaire d'y ajouter $2n$ données de position et de vitesse initiales :

$$\mathbf{q}(0) = \mathbf{q}_0 \quad \text{et} \quad \dot{\mathbf{q}}(0) = \mathbf{p}_0.$$

La solution est une courbe dans $\mathbf{R}^n$, avec un point et une direction de départ déterminés par les données initiales .

Exemple

Système des deux points matériels de masse m et M qui s'attirent mutuellement avec une force proportionnelle à la distance dans un champ gravitationnel $\mathbf{g}$, cf. fig.(1.1).

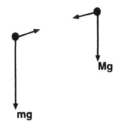

Figure 1.1: Système de deux masses

Paramètres :

$$q = (q^1, q^2, q^3, q^4, q^5, q^6) = (x_m^1, x_m^2, x_m^3, x_M^1, x_M^2, x_M^3).$$

Mouvement virtuel :

$$\delta\mathbf{q} = (\delta q^1, \delta q^2, \delta q^3, \delta q^4, \delta q^5, \delta q^6) = (\delta x_m^1, \delta x_m^2, \delta x_m^3, \delta x_M^1, \delta x_M^2, \delta x_M^3).$$

Puissance virtuelle des efforts extérieurs (donnés par la pesanteur) :

$$\delta W_e = \mathbf{Q}\delta\mathbf{q} = Q_i \,\delta q^i = mg\delta\mathbf{x}_m + M\mathbf{g}\delta\mathbf{x}_M,$$
$$\mathbf{Q} = (0, 0, -mg, 0, 0, -Mg).$$

Puissance virtuelle des efforts intérieurs :

$$\delta W_i = \mathbf{L}\delta\mathbf{q} = L_i\delta q^i = k(\mathbf{x}_M - \mathbf{x}_m)\delta\mathbf{x}_m - k(\mathbf{x}_M - \mathbf{x}_m)\delta\mathbf{x}_M,$$
$$\mathbf{L} = (k(x_M^1 - x_M^1), k(x_m^2 - x_M^2), k(x_m^3 - x_M^3), k(x_M^1 - x_m^1), ...).$$

Puissance virtuelle des efforts d'inertie :

$$\delta W_j = \mathbf{J}\delta\mathbf{q} = J_i\delta q^i = -m\ddot{\mathbf{x}}_m - M\ddot{\mathbf{x}}_M,$$
$$\mathbf{J} = (-m\ddot{x}_m^1, -m\ddot{x}_m^2, -m\ddot{x}_m^3, -M\ddot{x}_M^1, -M\ddot{x}_M^2, -M\ddot{x}_M^3).$$

Equation de mouvement :

$$\delta W_e + \delta W_i + \delta W_j = 0 \quad \text{pour tout mouvement virtuel} \quad \delta\mathbf{q}$$
$$\text{ou} \quad (Q_l + L_l + J_l)\,\delta q^l = 0 \quad \text{pour tout} \quad \delta q^l, \quad l = 1, \cdots, 6.$$

soit $\quad Q_l + L_l + J_l = 0, \qquad l = 1, \cdots, 6.$

1.2   Equilibre et stabilité

Par définition, une position du système définie par le point $\mathbf{q}_e$ est une position d'équilibre si la fonction $\mathbf{q}(t) = \mathbf{q}_e$ est une solution de (1.2) avec les conditions initiales particulières suivantes :

$$\mathbf{q}(0) = \mathbf{q}_e \qquad \text{et} \qquad \dot{\mathbf{q}}(0) = \mathbf{0}.$$

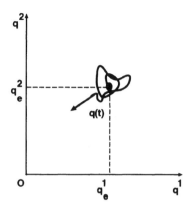

Figure 1.2: Equilibre et mouvement perturbé

On dit que cette position d'équilibre est stable si une petite perturbation quelconque de position ou de vitesse initiales donne un mouvement perturbé qui reste toujours proche de la position d'équilibre, cf. fig.(1.2).

Cela veut dire que si on part d'un point situé dans un voisinage de $\mathbf{q}_e$ avec une vitesse sufisamment petite on reste toujours proche de $\mathbf{q}_e$.

On peut aussi exprimer cette idée par la continuité du mouvement par rapport aux données initiales. Du point de vue mathématique, on écrit donc :

$\forall\,\epsilon > 0$ donné arbitrairement petit,   il existe $\delta > 0$ tel que :

si $D(\mathbf{q}_0 - \mathbf{q}_e, \mathbf{p}_0) < \delta$ on a $d(\mathbf{q}(t) - \mathbf{q}_e) < \epsilon$ à chaque instant t.

où $\mathbf{q}(t)$ désigne la solution de (1.2) avec les conditions initiales

$$\mathbf{q}(0) = \mathbf{q}_0 \qquad \text{et} \qquad \dot{\mathbf{q}}(0) = \mathbf{p}_0,$$

D désigne une mesure de la perturbation initiale et d une mesure de la distance dans $\mathbf{R}^n$ convenablement choisies.

Une telle définition peut dépendre du choix de ces mesures. D'une façon générale, on exige implicitement que d doit être équivalent à la distance euclidienne. On peut par exemple prendre pour d une norme quelconque de $\mathbf{R}^n$ et définir D à partir de la même norme.

L'équilibre est dit asymptotiquement stable si en plus on a pour tout mouvement perturbé :

$$\lim_{t \to \infty} \mathbf{q}(t) = \mathbf{q}_e.$$

1.3   Etude de la stabilité de l'équilibre

L'étude de la stabilité est dans le cas général un problème compliqué. Le plus souvent, même pour des systèmes mécaniques simples, l'équation de mouvement est nonlinéaire et il est pratiquement impossible de calculer d'une manière explicite les mouvements perturbés.

1.3.1 Méthode directe de Liapounov

Un des cas particuliers où l'analyse de la stabilité s'obtient très simplement est donné par le théorème suivant :

Théorème

S'il existe une fonctionnelle de mouvement L_t, dite fonctionnelle de Liapounov, telle que :
(i) L_t est une fonction décroissante du temps :

$$\frac{d}{dt}L_t \leq 0.$$

(ii) L_0 est inférieure à la mesure choisie D de la perturbation initiale :

$$L_0 \leq D(\mathbf{q}(0) - \mathbf{q}_e, \dot{\mathbf{q}}(0)).$$

(iii) L_t limite la mesure de la distance courante :

$$L_t \geq d(\mathbf{q}(t) - \mathbf{q}_e).$$

Alors la position d'équilibre est stable.

Les trois conditions du théorème impliquent en effet :

$$D \geq L_0 \geq L_t \geq d$$

ce qui assure le résultat désiré : $d < \epsilon$ si on avait choisi $D < \delta = \epsilon$!

Du point de vue historique, la méthode de Liapounov est une généralisation directe du théorème de Lejeune-Dirichlet présenté dans la suite pour des systèmes conservatifs. Cette méthode est utile à l'étude des systèmes dissipatifs simples quand l'expression de la fonctionnelle de Liapounov peut être facilement construite à partir des considérations énergétiques sur l'évolution mécanique.

1.3.2 Méthode de linéarisation

Une autre méthode d'approche est basée sur le fait que les mouvements perturbés doivent être a priori des petits mouvements autour de l'équilibre.

Cette hypothèse de petits mouvements conduit, pour l'étude des mouvements perturbés, à introduire l'équation de mouvement linéarisée en remplaçant l'équation du mouvement réel par son expression linéarisée autour de la position d'équilibre, au moins lorsque cette linéarisation est possible .

Cette méthode passe donc par trois étapes suivantes :

- écrire l'équation linéarisée.
- étudier le comportement dynamique du mouvement linéarisé.
- en déduire les conséquences au niveau de la stabilité de l'équilibre.

Equation de mouvement linéarisée

Un exemple

Système constitué d'un point matériel de masse m lié par une barre rigide de longueur l à un ressort spiral de raideur k, sous l'effet d'une force verticale descendante λ.

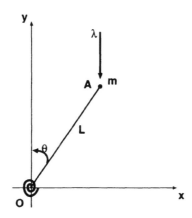

Figure 1.3: Système barre-ressort

Paramètre : $\mathbf{q}(t) = \theta(t)$

Position, vitesse et accélération du point matériel :

$$\mathbf{x}_A = (l\sin\theta, l\cos\theta), \qquad \delta\mathbf{x}_A = (l\cos\theta\delta\theta, -l\sin\theta\delta\theta),$$
$$v_A = (l\dot\theta\cos\theta, -l\dot\theta\sin\theta), \qquad \gamma_A = (l\ddot\theta\cos\theta - l\dot\theta^2\sin\theta, -l\ddot\theta\sin\theta - l\dot\theta^2\cos\theta).$$

Puissances des efforts :

$$\begin{aligned}
\delta W_e &= \mathbf{Q}\delta\mathbf{x}_A = (0, -\lambda).(l\cos\theta\delta\theta, -l\sin\theta\delta\theta) = l\lambda\sin\theta\delta\theta \\
\delta W_i &= \mathbf{L}\delta\mathbf{q} = -k\theta\delta\theta \\
\delta W_j &= -m\gamma_A\delta\mathbf{x}_A \\
&= -m(l\ddot\theta\cos\theta - l\dot\theta^2\sin\theta, -l\ddot\theta\sin\theta - l\dot\theta^2\cos\theta).(l\cos\theta\delta\theta, -l\sin\theta\delta\theta) \\
&= -ml^2\ddot\theta\delta\theta.
\end{aligned}$$

Equation de mouvement : $ml^2\ddot\theta + k\theta - l\lambda\sin\theta = 0.$

Equation d'équilibre : $k\theta - \lambda l\sin\theta = 0.$

    On vérifie que $\theta = 0$ est une position d'équilibre trivial !

D'autre part, une position d'équilibre moins trivial éventuellement existe et correspond à $\theta(t) = \theta_1$, la deuxième intersection des courbes $\sin\theta$ et $\dfrac{k}{l\lambda}\theta$.

    L'équation du mouvement linéarisée autour du point d'équilibre trivial $\theta(t) = 0$ est :

$$ml^2\ddot\theta + (k - \lambda l)\theta = 0.$$

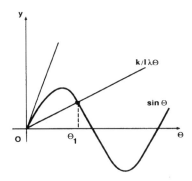

Figure 1.4: Equilibres trivial et non trivial

Si $(k - \lambda l) > 0$ c'est à dire si $\lambda < k/l$, le mouvement linéarisé est une sinusoïde en t. On dira par abus de langage que le mouvement linéarisé est stable.

Si $(k - \lambda l) < 0$ c'est à dire si $\lambda > k/l$, le mouvement linéarisé est une exponentielle en t. Le système tend à s'écarter de la position d'équilibre trivial et l'écart cesse d'être petit à partir d'un certain moment. On dira par abus de langage que le mouvement linéarisé est instable.

L'équation du mouvement linéarisée autour de la position d'équilibre $\theta(t) = \theta_1$ est :

$$ml^2\ddot{\theta} + (k - \lambda l \cos\theta_1)\theta = 0.$$

Cette fois, il faut discuter le signe de $k - \lambda l \cos\theta_1$. En écrivant $\lambda l = k\dfrac{\theta_1}{\sin\theta_1}$ (condition d'équilibre), on trouve que $k - \lambda l \cos\theta_1 = k(1 - \dfrac{\theta_1}{\tan\theta_1}) > 0$. Le mouvement linéarisé est donc stable.

Pour discuter la forme générale des équations de mouvement linéarisées, on considère le cas particulier des systèmes de points matériels M de masse ρ_M tels que le paramétrage des points et l'expression des forces intérieures et extérieures ne dépendent pas du temps (systèmes holonomes) :

$$\mathbf{x}_M = \mathbf{M}(\mathbf{q}(t)), \quad \mathbf{Q} = \mathbf{Q}(\mathbf{q}(t), \dot{\mathbf{q}}.(t)), \quad \mathbf{L} = \mathbf{L}(\mathbf{q}(t), \dot{\mathbf{q}}(t)).$$

Dans ce cas on a :

$$\mathbf{x}_M(\mathbf{q}) = \mathbf{M}(\mathbf{q}), \qquad \delta\mathbf{x}_M = \frac{\partial\mathbf{M}}{\partial q^k}.\delta q^k,$$

$$\mathbf{v}_M(\mathbf{q}) = \frac{\partial\mathbf{M}}{\partial\mathbf{q}}\dot{\mathbf{q}} = \frac{\partial\mathbf{M}}{\partial q^k}\dot{q}^k, \quad \gamma_M(\mathbf{q}) = \frac{\partial^2\mathbf{M}}{\partial q^k\partial q^l}\dot{q}^k\dot{q}^l + \frac{\partial\mathbf{M}}{\partial q^k}\ddot{q}^k.$$

La puissance des efforts d'inertie devient :

$$\delta W_j = \sum_M -\rho_M \gamma_M . \delta \mathbf{x}_M$$

$$= -\sum_M \rho_M \left[\frac{\partial^2 M_i}{\partial q^k \partial q^l} \dot{q}^k \dot{q}^l + \frac{\partial M_i}{\partial q^k} \ddot{q}^k \right] \frac{\partial M_i}{\partial q^j} \delta q^j$$

et :

$$\mathbf{J} = -\sum_M \rho_M \left[\frac{\partial^2 M_i}{\partial q^k \partial q^l} \dot{q}^k \dot{q}^l + \frac{\partial M_i}{\partial q^k} \ddot{q}^k \right] \frac{\partial M_i}{\partial \mathbf{q}} .$$

D'une façon équivalente, on peut aussi arriver à la même expression en partant de l'expression de l'énergie cinétique :

$$C = \frac{1}{2} \sum_M \rho_M \mathbf{v}_M^2 ,$$

et en appliquant la formule générale de Lagrange :

$$\mathbf{J} = \frac{\partial C}{\partial \mathbf{q}} - \frac{d}{dt} \left(\frac{\partial C}{\partial \dot{\mathbf{q}}} \right) .$$

Considérant que $\mathbf{q}(t) - \mathbf{q}_e$, $\dot{\mathbf{q}}(t)$, $\ddot{\mathbf{q}}(t)$ sont des quantités infinitésimales de premier ordre, si l'on prend les deux premiers termes du développement en série de Taylor de $\mathbf{Q}$, $\mathbf{L}$ et $\mathbf{J}$ dans un voisinage de $(\mathbf{q}_e, \mathbf{0}, \mathbf{0})$, on obtient alors l'équation de mouvement linéarisée.

Les calculs donnent :

$$\mathbf{Q} \simeq \mathbf{Q}(\mathbf{q}_e, \mathbf{0}) + \frac{\partial \mathbf{Q}}{\partial \mathbf{q}}(\mathbf{q}_e, \mathbf{0})\mathbf{q}^* + \frac{\partial \mathbf{Q}}{\partial \dot{\mathbf{q}}}(\mathbf{q}_e, \mathbf{0})\dot{\mathbf{q}}^*,$$

$$\mathbf{L} \simeq \mathbf{L}(\mathbf{q}_e, \mathbf{0}) + \frac{\partial \mathbf{L}}{\partial \mathbf{q}}(\mathbf{q}_e, \mathbf{0})\mathbf{q}^* + \frac{\partial \mathbf{L}}{\partial \dot{\mathbf{q}}}(\mathbf{q}_e, \mathbf{0})\dot{\mathbf{q}}^*,$$

$$\mathbf{J} \simeq \mathbf{J}(\mathbf{q}_e, \mathbf{0}, \mathbf{0}) + \frac{\partial \mathbf{J}}{\partial \mathbf{q}}(\mathbf{q}_e, \mathbf{0}, \mathbf{0})\mathbf{q}^* + \frac{\partial \mathbf{J}}{\partial \dot{\mathbf{q}}}(\mathbf{q}_e, \mathbf{0}, \mathbf{0})\dot{\mathbf{q}}^*$$

$$+ \frac{\partial \mathbf{J}}{\partial \ddot{\mathbf{q}}}(\mathbf{q}_e, \mathbf{0}, \mathbf{0})\ddot{\mathbf{q}}^*.$$

Comme $\mathbf{q}(t) = \mathbf{q}_e$ est une solution particulière, on a :

$$\mathbf{Q}(\mathbf{q}_e, \mathbf{0}) + \mathbf{L}(\mathbf{q}_e, \mathbf{0}) + \mathbf{J}(\mathbf{q}_e, \mathbf{0}, \mathbf{0}) = \mathbf{0}.$$

En tenant compte de cette équation et de la forme particulière de $\mathbf{J}$:

$$\frac{\partial \mathbf{J}}{\partial \mathbf{q}}(\mathbf{q}_e, \mathbf{0}, \mathbf{0}) = \mathbf{0}, \qquad \frac{\partial \mathbf{J}}{\partial \dot{\mathbf{q}}}(\mathbf{q}_e, \mathbf{0}, \mathbf{0}) = \mathbf{0},$$

l'équation de mouvement linéarisée s'écrit donc sous la forme :

$$\mathbf{K}\mathbf{q}^* + \mathbf{N}\dot{\mathbf{q}}^* + \mathbf{M}\ddot{\mathbf{q}}^* = \mathbf{0}. \qquad (1.3)$$

où :

$$K_{ij} = -\left[\frac{\partial Q_i}{\partial q^j}(\mathbf{q}_e, \mathbf{0}) + \frac{\partial L_i}{\partial q^j}(\mathbf{q}_e, \mathbf{0})\right],$$

$$N_{ij} = -\left[\frac{\partial Q_i}{\partial \dot{q}^j}(\mathbf{q}_e, \mathbf{0}) + \frac{\partial L_i}{\partial \dot{q}^j}(\mathbf{q}_e, \mathbf{0})\right],$$

$$M_{ij} = -\frac{\partial J_i}{\partial \ddot{q}^j}(\mathbf{q}_e, \mathbf{0}, \mathbf{0})$$

$$= \sum_M \rho_M \frac{\partial M_k}{\partial q^i}(\mathbf{q}_e)\frac{\partial M_k}{\partial q^j}(\mathbf{q}_e).$$

On remarque que la matrice de masse **M** est toujours symétrique d'après son expression.

L'équation (1.3) est un système linéaire de n équations différentielles du second ordre à coefficients constants.

La solution associée à des conditions initiales $\mathbf{q}^0$ et $\mathbf{p}^0$ est une combinaison linéaire des solutions élémentaires de la forme $\mathbf{X}\,e^s t$, où $\mathbf{X}$ est un vecteur complexe de $\mathbf{C}^n$ et s est un nombre complexe.

Pour trouver les solutions élémentaires de (1.3) on met $\mathbf{q}^*(t) = \mathbf{X}e^{st}$:

$$(\mathbf{K} + s\mathbf{N} + s^2\mathbf{M})\mathbf{X} = \mathbf{0}.$$

Il en résulte que s est une solution de l'équation caractéristique :

$$\mathrm{Det} \parallel \mathbf{K} + s\mathbf{N} + s^2\mathbf{M}\parallel = 0$$

et que **X** est un vecteur propre associé à s.

La forme générale d'une solution est :

$$\mathbf{q}^*(t) = \sum_{i=1}^n \left[a_i e^{s_i t}\mathbf{X}_i + \bar{a}_i e^{\bar{s}_i t}\bar{\mathbf{X}}_i\right].$$

Cette expression permet d'énoncer la proposition suivante concernant les mouvements linéarisés :

Proposition

- *Si pour tout $i = 1, ..., n$ $Re(s_i) < 0$, alors tous les mouvements linéarisés sont stables.*

- *S'il existe un indice $i, 1 \le i \le n$, tel que $Re(s_i) > 0$, alors il existe des mouvements linéarisés instables.*

Conséquence au niveau de la stabilité de l'équilibre

Nous admettons le théorème suivant dont la validité est intuitive :

Théorème de Liapounov

- *Si $Re(s_i) < 0$ pour tout $i = 1, ..., n$,   l'équilibre est stable car il est asymptotiquement stable.*

- *S'il existe un indice i tel que $Re(s_i) > 0$,   alors l'équilibre est instable.*

- *Si $Re(s_i) \leq 0 \; \forall \; i$ et s'il existe un indice j tel que $Re(s_j) = 0$, on ne sait pas conclure.*

L'équilibre considéré peut être stable ou instable dans le dernier cas . Pour en savoir plus, il faut des études supplémentaires. La méthode développée par le théorème de Liapounov n'apporte pas de résultats lorsque la stabilité n'est pas asymptotique. D'une manière générale, ce théorème sera surtout opérationnel en présence de la viscosité. On verra qu'il existe des méthodes complémentaires permettant de conclure à la stabilité dans le cas douteux pour certains systèmes particuliers.

La première part du théorème s'obtient de façon suivante :

- ramener schématiquement les équations de mouvement à un système d'équations du premier ordre :

$$\frac{d\mathbf{x}}{dt} = \mathbf{A} \, . \, \mathbf{x} + \mathbf{f}(t, \mathbf{x})$$

où $\mathbf{A}$ est une matrice réelle, constante et $\mathbf{f}(t, \mathbf{x}) = \mathbf{o} \, (\| \mathbf{x} \|)$ quand $\| \mathbf{x} \|$ tend vers 0, en posant :

$$\mathbf{x} = \begin{bmatrix} \mathbf{q} - \mathbf{q^e} \\ \dot{\mathbf{q}} \end{bmatrix} \quad , \quad \mathbf{A} = \begin{bmatrix} \mathbf{0} & \mathbf{I} \\ -\mathbf{M}^{-1}\mathbf{K} & -\mathbf{M}^{-1}\mathbf{N} \end{bmatrix} .$$

- puis établir une estimation de la réponse nonlinéaire :
  La matrice $\mathbf{A}$ admet comme valeurs propres s_i et $\bar{s}_i$ pour $i = 1, ..., n$.
  Lorsque $Re(s_i) < 0$ pour tout i, il existe deux nombres constants et positifs c et p tels que :

$$\| e^{t\mathbf{A}} \| \leq c e^{-pt} \quad pour \; tout \quad t \geq 0.$$

D'après les hypothèses sur la partie nonlinéaire $\mathbf{f(t,x)}$, on peut toujours trouver α tel que :

$$\forall s > 0, \; \| \mathbf{x} \| \leq \alpha \Longrightarrow \| \mathbf{f}(s, \mathbf{x}) \| \leq \frac{p}{2c} \; \| \mathbf{x} \| .$$

Soit $\| \mathbf{x}(0) \| \leq \alpha_0$ avec $\alpha_0 = \frac{\alpha}{2c}$. Partant de cette valeur initiale, montrons d'abord que la solution reste toujours à l'intérieur d'une boule de rayon α :

En effet, dans le cas contraire, il existe par continuité un temps t_1 tel que :

$$\| \mathbf{x}(t_1) \| = \alpha, \quad \| \mathbf{x}(s) \| < \alpha \ \forall \ 0 < s < t_1.$$

Montrons qu'il y a contradiction :

L'expression générale de la solution :

$$\mathbf{x}(t) = e^{t\mathbf{A}} \ \mathbf{x}(0) + \int_0^t e^{(t-s)\mathbf{A}} \ \mathbf{f}(s, \mathbf{x}(s)) \, ds$$

conduit alors à l'estimation :

$$\| \mathbf{x}(t_1) \| \leq c\alpha_0 e^{-pt_1} + c \int_0^{t_1} e^{-p(t_1-s)} \ \frac{p}{2c} \ \| \mathbf{x}(s) \| \ ds$$

$$= \frac{\alpha}{2} \ e^{-pt_1} + \frac{\alpha}{2}(1 - e^{-pt_1}) = \frac{\alpha}{2}$$

ce qui est impossible.

On est donc assuré que $\| \mathbf{x}(t) \| < \alpha$ pour tout $t > 0$ lorsque $\| \mathbf{x}(0) \| \leq \frac{\alpha}{2c}$.

L'expression générale de la solution conduit alors à l'estimation :

$$\forall t \geq 0 \ , \ e^{pt} \ \| \mathbf{x}(t) \| \leq c \ \alpha_0 + \frac{p}{2} \int_0^t e^{ps} \ \| \mathbf{x}(s) \| \ ds.$$

Les lignes de calcul qui suivent sont maintenant l'application du lemme de Gronwall que l'on redonne de façon détaillée :

Cette dernière inégalité s'écrit aussi :

$$\dot{\phi}(t) - \frac{p}{2}\phi(t) \leq c\alpha_0$$

en notant $\phi(t) = \int_0^t e^{ps} \ \| \mathbf{x}(s) \| \ ds$. Multipliant par $e^{-\frac{p}{2} t}$ les deux membres, on obtient après intégration entre 0 et t :

$$\phi(t) \leq \frac{2c\alpha_0}{p}(e^{\frac{p}{2}t} - 1).$$

Si l'on reporte cette majoration dans l'estimation de départ, on obtient :

$$\dot{\phi}(t) \leq c\alpha_0 e^{\frac{p}{2}t}$$

ce qui donne :

$$\forall t \geq 0, \quad \| \mathbf{x}(t) \| \leq c\alpha_0 e^{-\frac{p}{2}t}.$$

Cette inégalité montre que l'équilibre considéré est asymptotiquement stable.

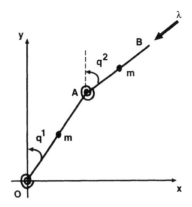

Figure 1.5: Structure avec force suiveuse

Exemple

Il s'agit d'un système de deux barres rigides OA et AB de longueurs $2a$ et de masses m liées par des ressorts spiraux de raideur k, soumis au point B à une force λ colinéaire à AB (force suiveuse). On discute la stabilité de la position d'équilibre trivial de ce système, à savoir la position verticale .

Efforts intérieurs $\mathbf{L} = (L_1, L_2)$:

$$L_1 = -2kq^1 + kq^2, \qquad L_2 = kq^1 - kq^2.$$

Efforts extérieurs $\mathbf{Q} = (Q_1, Q_2)$:
Pour obtenir cette expression, on calcule la puissance virtuelle des efforts extérieurs :

$$
\begin{aligned}
\delta W_e &= \mathbf{Q}\delta\mathbf{q} = \boldsymbol{\lambda}.\delta\mathbf{OB}, \\
\mathbf{OB} &= 2a(\sin q^1 + \sin q^2)\mathbf{e}_x + 2a(\cos q^1 + \cos q^2)\mathbf{e}_y, \\
\delta\mathbf{OB} &= 2a(\cos q^1 \delta q^1 + \cos q^2 \delta q^2)\mathbf{e}_x - 2a(\sin q^1 \delta q^1 + \sin q^2 \delta q^2)\mathbf{e}_y, \\
\boldsymbol{\lambda} &= -\lambda(\sin q^2\, \mathbf{e}_x + \cos q^2\, \mathbf{e}_y), \\
Q_1 &= 2a\lambda \sin(q^1 - q^2), \\
Q_2 &= 0.
\end{aligned}
$$

Efforts d'inertie $\mathbf{J} = (J_1, J_2)$:
La puissance virtuelle des efforts d'inertie peut être calculée à l'aide des formules de Lagrange :

$$
\begin{aligned}
C &= \frac{5}{2}ma^2(\dot{q}^1)^2 + \frac{1}{2}ma^2(\dot{q}^2)^2 + 2ma^2\cos(q^1 - q^2)\dot{q}^1\dot{q}^2, \\
J_1 &= -5ma^2\ddot{q}^1 - 2ma^2\sin(q^1 - q^2)(\dot{q}^2)^2 - 2ma^2\cos(q^1 - q^2)\ddot{q}^2, \\
J_2 &= -ma^2\ddot{q}^2 + 2ma^2\sin(q^1 - q^2)(\dot{q}^1)^2 - 2ma^2\cos(q^1 - q^2)\ddot{q}^1.
\end{aligned}
$$

Equations de mouvement :

$$
\begin{aligned}
L_1 + Q_1 + J_1 &= 0, \\
L_2 + Q_2 + J_2 &= 0.
\end{aligned}
$$

Une position triviale d'équilibre est donnée par $q_e^1 = 0$, $q_e^2 = 0$ et correspond à la position verticale rectiligne.

Si l'on linéarise les équations de mouvement autour de cette position, on retrouve la forme générale (1.3) des équations linéarisées :

$$ma^2 \begin{bmatrix} 5 & 1 \\ 1 & 1 \end{bmatrix} \begin{bmatrix} \ddot{q}^1 \\ \ddot{q}^2 \end{bmatrix} + \begin{bmatrix} 2k - 2a\lambda & 2a\lambda - k \\ -k & k \end{bmatrix} \begin{bmatrix} q^1 \\ q^2 \end{bmatrix} = \begin{bmatrix} 0 \\ 0 \end{bmatrix}$$

où la matrice K n'est pas symétrique. Cette non-symétrie est due au mode de travail de la charge suiveuse.

En particulier, on obtient comme équation caractéristique :

$$c_0 s^4 + c_2 s^2 + c_4 = 0$$

où $c_0 = m^2 a^4$, $\quad c_2 = ma^2(11k - 6a\lambda)$, $\quad c_4 = k^2$.

Le discriminant $\Delta = c_2^2 - 4c_0 c_4 = 3ma^2(3k - 2a\lambda)(13k - 6a\lambda)$ admet deux racines $\lambda_1 = \dfrac{3k}{2a}$ et $\lambda_2 = \dfrac{13k}{6a}$. Il en résulte que :

- Si $\lambda < \dfrac{3k}{2a}$, il existe un s_i avec $Re(s_i) = 0$, nous sommes dans un cas indéterminé.

- Si $\dfrac{3k}{2a} < \lambda < \dfrac{13k}{6a}$, on a un s_i avec $Re(s_i) > 0$ et $Im(s_i) \neq 0$, alors l'équilibre est instable. En mouvement perturbé, le système quittera l'équilibre par des mouvements oscillants grandissants, c'est le phénomène d'**instabilité par flottement**.

- Si $\dfrac{13k}{6a} < \lambda$, il existe un s_i réel et positif, alors l'équilibre est instable. En mouvement perturbé, le système quittera l'équilibre d'une façon franche, c'est le phénomène d'**instabilité par divergence**.

1.4 Systèmes conservatifs

1.4.1 Quelques définitions

Un système de forces $\boldsymbol{F}(q)$ est dit conservatif s'il existe une fonction $V(q)$ telle que :

$$F_i = -\frac{\partial V}{\partial q^i}. \tag{1.4}$$

On dit alors que **F** dérive du potentiel $V(q)$. La puissance virtuelle de ces forces s'écrit :

$$\delta W = F_i \, \delta q^i = -\delta V = -\frac{\partial V}{\partial q^i}\delta q^i.$$

Un système de points matériels est dit conservatif si les efforts intérieurs et extérieurs sont conservatifs.

Pour un tel système, il existe alors une fonction $V_{int}(\mathbf{q})$ telle que :

$$\mathbf{L} = -\frac{\partial V_{int}}{\partial \mathbf{q}}$$

et une fonction $V_{ext}(\mathbf{q})$ telle que :

$$\mathbf{Q} = -\frac{\partial V_{ext}}{\partial \mathbf{q}}.$$

La fonction $E(\mathbf{q}) = V_{int}(\mathbf{q}) + V_{ext}(\mathbf{q})$ est par définition **l'énergie potentielle totale** du système.

Exercice

Démontrer que la force suiveuse du dernier exemple n'est pas un système de forces extérieures conservatif !

Dans le cas d'un système conservatif, l'équation de mouvement s'écrit alors :

$$\frac{\partial E}{\partial \mathbf{q}}(\mathbf{q}) + \mathbf{J}(\mathbf{q}, \dot{\mathbf{q}}, \ddot{\mathbf{q}}) = \mathbf{0}.$$

Les positions d'équilibre statique sont données par :

$$\frac{\partial E}{\partial \mathbf{q}}(\mathbf{q_e}) = \mathbf{0}.$$

Ce sont donc des points extrema de l'énergie potentielle totale.

1.4.2   Conséquence de la méthode de linéarisation

Les équations de mouvement linéarisées s'écrivent simplement :

$$\mathbf{Kq}^* + \mathbf{M\ddot{q}}^* = \mathbf{0}$$

avec en particulier :

$$K_{ij} = \frac{\partial^2 E}{\partial q^i \partial q^j}(\mathbf{q_e}).$$

Ici, la matrice $\mathbf{K}$ est aussi symétrique.

On est donc ramené à la résolution d'un problème aux valeurs propres généralisé :

$$(\mathbf{K} + s^2\mathbf{M})\mathbf{X} = 0$$

dans lequel les matrices $\mathbf{K}$ et $\mathbf{M}$ sont symétriques.   D'une manière générale, la matrice $\mathbf{M}$ est non négative car l'énergie cinétique étant positive, le premier terme non nul de son développement de Taylor doit être aussi non négatif.

Lorsque la répartition de masse est physique c'est à dire ne comporte pas de points matériels de masse nulle (!), on peut même affirmer que la matrice $\mathbf{M}$ est strictement définie positive.

Les matrices $\mathbf{K}$ et $\mathbf{M}$ étant symétriques, on sait d'autre part qu'il existe une base de vecteurs propres $\mathbf{X}^k$ dans laquelle les matrices $\mathbf{K}$ et $\mathbf{M}$ sont toutes les deux diagonales.

On introduit alors les nombres :

$$K^m = \mathbf{X}^m.\mathbf{K}.\mathbf{X}^m, \qquad M^m = \mathbf{X}^m.\mathbf{M}.\mathbf{X}^m > 0$$

pour conclure que $(s_m)^2 = -\dfrac{K^m}{M^m}$.

Il en résulte que s'il existe un indice m tel que $K^m < 0$ alors $Re(s_m) > 0$ de sorte que l'équilibre considéré sera nécessairement instable.

D'une façon équivalente, on obtient la proposition suivante :

Proposition

Si la matrice K possède au moins une valeur propre strictement négative ou ce qui revient au même, si la seconde variation de l'énergie potentielle totale $\delta^2 E$ peut être négative, l'équilibre est nécessairement instable :

$$\exists \quad \delta\mathbf{q} \neq \mathbf{0} \quad \text{tel que} \quad \delta^2 E = \delta\mathbf{q}.\mathbf{K}.\delta\mathbf{q} < 0 \Longrightarrow \text{Equilibre instable} \quad (1.5)$$

On note que la répartition de masse n'intervient plus dans ce résultat.

1.4.3   Conséquence de la méthode directe

Montrons d'abord que l'énergie mécanique se conserve au cours du temps pour un système conservatif :

En effet, en remarquant que l'on a toujours $\dfrac{dC}{dt} = -J_i\,\dot{q}^i$, l'équation de mouvement donne en particulier pour le mouvement réel :

$$\frac{dE}{dt} + \frac{dC}{dt} = 0$$

de sorte que $E(\mathbf{q}(t)) + C_t = E(\mathbf{q}(0)) + C_0$.

Cette propriété va conduire au théorème :

Théorème de Lejeune-Dirichlet

Si l'équilibre $\mathbf{q}_e$ réalise un minimum local au sens strict de l'énergie potentielle totale $E(\mathbf{q})$, alors il s'agit d'un équilibre stable.

Démonstration :

On peut illustrer d'abord la méthode de Liapounov en prenant $L_t = E(\mathbf{q}(t)) - E(\mathbf{q}_e) + C_t$ avec les mesures $D = L_0$ et $d = E(\mathbf{q}) - E(\mathbf{q}_e)$. La quantité D représente exactement la quantité d'énergie mécanique injectée dans le système par la perturbation initiale. La quantité d est l'écart de l'énergie potentielle totale entre la position actuelle et la position d'équilibre.

Toutes les hypothèses (i), (ii), (iii) sont vérifiées, d'où le résultat.

Mais on peut aussi utiliser la vraie distance $d(\mathbf{q}) = \|\mathbf{q} - \mathbf{q}_e\|$ avec une norme $\|.\|$ quelconque de $\mathbf{R}^n$:

Soit $\epsilon > 0$ donné arbitrairement petit, on introduit $\delta(\epsilon)$ la quantité :

$$\delta(\epsilon) = \inf_{d=\epsilon} E(\mathbf{q}) - E(\mathbf{q}_e).$$

D'après l'hypothèse du minimum strict de l'énergie, cette quantité $\delta(\epsilon)$ est nécessairement non nulle car $E(\mathbf{q})$ atteint sa valeur inférieure sur la sphère $d = \epsilon$ qui est un ensemble compact dans R^n.

Le choix $D < \delta(\epsilon)$ va impliquer que $d(\mathbf{q}(t)) < \epsilon$. En effet, dans le cas contraire il existerait t_1 tel que $d(\mathbf{q}(t_1)) = \epsilon$ donc $E(\mathbf{q}(t_1)) - E(\mathbf{q}_e) \geq \delta(\epsilon)$. Ceci est impossible car $D = E(\mathbf{q}(0)) - E(\mathbf{q}_e) + C_0 = E(\mathbf{q}(t_1)) - E(\mathbf{q}_e) + C_{t_1} \geq \delta(\epsilon)$, d'où la contradiction.

On peut aussi prendre pour D une mesure ayant une liaison plus directe avec les distances $\|\mathbf{q}(0) - \mathbf{q}_e\|$ et $\|\dot{\mathbf{q}}(0)\|$ moyennant quelques calculs supplémentaires.

Une conséquence directe du théorème de Lejeune-Dirichlet est donnée par la proposition :

Proposition

Si la seconde variation de l'énergie $\delta^2 E$ est toujours strictement positive, l'équilibre est stable :

$$\forall \qquad \delta\mathbf{q} \neq \mathbf{0} \qquad \delta^2 E = \delta\mathbf{q}.\mathbf{K}.\delta\mathbf{q} > 0 \implies \text{Equilibre stable.} \qquad (1.6)$$

L'ensemble des propositions (1.5) et (1.6) constitue le **critère de seconde variation** bien utile dans les études de stabilité des systèmes conservatifs.

1.5 Illustrations

1.5.1 Système barres - ressorts sous chargement conservatif

Reprenons l'exemple précédent en admettant que la charge appliquée λ reste verticale. Dans ce cas le système est conservatif, avec l'énergie potentielle totale :

$$E(q) = \frac{1}{2}k(q^1)^2 + \frac{1}{2}k(q^2 - q^1)^2 + \lambda a(\cos q^1 + \cos q^2).$$

Les équations d'équilibre s'écrivent :

$$\begin{aligned} E_{,q^1} &= kq^1 - k(q^2 - q^1) & -\lambda a \sin q^1 = 0, \\ E_{,q^2} &= k(q^2 - q^1) & -\lambda a \sin q^2 = 0. \end{aligned}$$

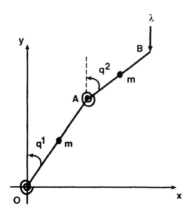

Figure 1.6: Système conservatif

et montrent en particulier que la position droite $q^0 = (0,0)$ est une position d'équilibre particulière $\forall \lambda$.

La stabilité de cette position s'obtient par le critère de seconde variation :

$$\delta^2 E^0 = \delta\mathbf{q}.E^0_{,qq}.\delta\mathbf{q} > 0$$

qui exprime que la matrice $\mathbf{K}$ doit être définie positive.

Cette matrice s'écrit $K_{ij} = \dfrac{\partial^2 E}{\partial q^i \partial q^j}(0,0)$ soit :

$$K = \begin{bmatrix} 2k - \lambda a & -k \\ -k & k - \lambda a \end{bmatrix}.$$

La condition de positivité des valeurs propres de cette matrice conduit aux valeurs critiques $\lambda_m = (3 - \sqrt{5})\dfrac{k}{2a}$ et $\lambda_M = (3 + \sqrt{5})\dfrac{k}{2a}$.

Il en résulte que la position droite est stable pour $\lambda < \lambda_m$ et instable pour $\lambda > \lambda_m$.

1.5.2   Stabilité d'un système de ballons

La fig.(1.7) présente un système de deux ballons gonflés au préalable avec une quantité totale d'air de N moles. On ouvre le robinet pour que les deux ballons communiquent. On demande d'étudier les équilibres possibles du système ainsi que leur stabilité en admettant que l'air est un gaz parfait et que le caoutchouc est un matériau incompressible de type Mooney-Rivlin.

Les ballons sont supposés identiques au point de vue géométrique et comportement. Admettons qu'un ballon à l'état naturel est une sphère de rayon R, d'épaisseur $D \ll R$ et à l'état gonflé, une sphère de rayon r, d'épaisseur $d \ll r$.

En description lagrangienne avec l'état naturel comme configuration de référence, le matériau a subi une transformation dont le gradient F s'écrit :

$$\mathbf{F} = \begin{bmatrix} l_1 & 0 & 0 \\ 0 & l_2 & 0 \\ 0 & 0 & l_3 \end{bmatrix} \quad , \quad l_1 = d/D, \quad l_2 = l_3 = \frac{r}{R}$$

dans le repère $\mathbf{e}_{(r,\theta,\phi)}$.

La condition d'incompressibilité est $\text{Det } \mathbf{F} = 1$ soit $dr^2 = DR^2$ et permet de relier les paramètres d et r par la relation $d = DR^2 r^{-2}$.

La loi de Mooney-Rivlin consiste à admettre que l'énergie élastique emmagasinée par unité de volume de référence est :

$$W_{el} = aI_1 + bI_2 \quad , \quad a \simeq 30 Ncm^{-2} \quad et \quad b \simeq -0.1a.$$

I_1 et I_2 sont les premier et second invariants du tenseur de dilatation $\mathbf{C} = \mathbf{F}^t \mathbf{F}$:

$$I_1 = l_1^2 + l_2^2 + l_3^2 \quad , \quad I_2 = l_1^2 l_2^2 + l_2^2 l_3^2 + l_3^2 l_1^2$$

soit

$$I_1 = \left(\frac{d}{D}\right)^2 + 2\left(\frac{r}{R}\right)^2 \quad , \quad I_2 = 2\left(\frac{d}{D}\frac{r}{R}\right)^2 + \left(\frac{r}{R}\right)^4 .$$

L'énergie élastique emmagasinée par un ballon est donc $2\pi DR^2 f(\xi)$ avec

$$\xi = \frac{r}{R} = \left(\frac{V}{V^0}\right)^{\frac{1}{3}} \quad et \quad f(\xi) = a\xi^{-4} + 2a\xi^2 + 2b\xi^{-2} + b\xi^4 .$$

Il s'agit d'un système conservatif lorsque l'air est assimilé à un gaz parfait. L'énergie potentielle totale du système de deux ballons remplis de N moles d'air à la même pression p occupant un volume $V^1 + V^2$, soumis à la pression atmosphérique p_a s'écrit :

$$E = E(V^1, V^2) = 2\pi DR^2 (f(\xi_1) + f(\xi_2)) - NkT\text{Log}\,(V^1 + V^2) + p_a(V^1 + V^2)$$

où k désigne la constante des gaz parfaits, les ξ_i s'expriment en fonction de V^i , $i = 1, 2$.

L'équilibre est donné par les équations :

$$E_{,V^1} = -\frac{NkT}{V^1 + V^2} + p_a + \phi(\xi_1) = 0,$$

$$E_{,V^2} = -\frac{NkT}{V^1 + V^2} + p_a + \phi(\xi_2) = 0,$$

avec $\phi(\xi) = \dfrac{1}{2}\dfrac{D}{R\xi_2}f'(\xi) = 2a\dfrac{D}{R}(\xi^{-1} - \xi^{-7})\left(1 + \dfrac{b}{a}\xi^2\right).$

Un équilibre trivial correspond à $V^1 = V^2 = V$, défini par l'équation :

$$\frac{NkT}{2V}\xi^{-3} - p_a = \phi(\xi).$$

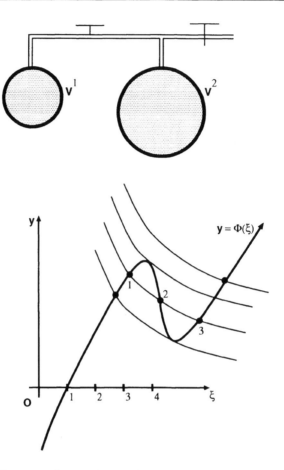

Figure 1.7: Système de deux ballons - Positions d'équilibre

La fig.(1.7) montre que suivant la quantité d'air N, il peut exister un ou trois équilibres triviaux !

La stabilité d'un tel équilibre s'obtient par le critère de seconde variation. On a :

$$E_{,V^1V^1} = \frac{NkT}{4V^2} + \frac{1}{3V\xi^2}\phi'(\xi),$$

$$E_{,V^1V^2} = \frac{NkT}{4V^2},$$

$$\mathbf{K} = \frac{NkT}{4V^2}\begin{bmatrix} 1 & 1 \\ 1 & 1 \end{bmatrix} + \frac{1}{3V\xi^2}\phi'(\xi)\begin{bmatrix} 1 & 0 \\ 0 & 1 \end{bmatrix}.$$

Cette matrice est définie positive si et seulement si $\phi'(\xi) > 0$.

Sur la fig.(1.7), on voit que l'équilibre trivial de type 2 est donc instable alors que les équilibres triviaux 1 et 3 sont stables.

Chapitre 2

Quelques rappels mathématiques

Ce chapitre donne quelques rappels de mathématiques utiles pour la suite du cours. On étudie d'abord quelques éléments du calcul des variations qui permettent de trouver les formes variationnelle et locale des équations d'équilibre et de formuler le critère de seconde variation pour des systèmes à paramètre fonctionnel, donc de dimension infinie. Ensuite, on rappelle la formulation du problème aux vecteurs propres généralisé.

2.1 Calcul des variations

2.1.1 Dérivée directionnelle et dérivée

Soient U un espace affine et V un espace vectoriel quelconques sur R, puis f une application de U dans V :

$$u \in U \Longrightarrow f(u) \in V. \qquad (2.1)$$

Soit δu un élément quelconque de U_0, l'espace vectoriel associé à U.

On s'intéresse à la quantité :

$$\lim_{t \to 0} \frac{1}{t} \left(f\left(u + t\delta u\right) - f(u) \right) \qquad (2.2)$$

où t désigne un nombre réel positif.

Définition

La limite, si elle existe, de (2.2) est par définition la dérivée directionnelle de f au point u dans la direction δu et notée $D_{\delta u} f\left(u\right)$.

S'il existe une application linéaire de U_0 dans V notée $f_{,u}(u)$ telle que :

$$f_{,u}(u)[\delta u] = D_{\delta u}f(u) \qquad \forall\ \delta u \tag{2.3}$$

f est dit dérivable au point u et $f_{,u}(u)$ est par définition la dérivée de f au point u.

On peut continuer en considérant $f_{,u}(u)$ au lieu de $f(u)$ pour définir dans le même esprit les dérivées d'ordre supérieur .

Par exemple, si la dérivée seconde de f notée $f_{,uu}$ existe au point u, la dérivée seconde de f dans les directions δu et δv est alors :

$$D_{\delta v}D_{\delta u}f(u) = f_{,uu}(u)[\delta u, \delta v] \tag{2.4}$$

On établit sans difficulté que $f_{,uu}(u)$ est une application bilinéaire, symétrique de U_0 x U_0 dans V.

2.1.2   Extremum d'une fonctionnelle

Soit $E(u)$ une application de U dans R. Pour marquer le fait que U sera dans la suite souvent un espace de fonctions, on dira que E est une fonctionnelle sur U.

On dit par définition que u^e réalise un extremum de E sur U si $E_{,u}(u^e) = O$ c'est à dire si $E_{,u}(u^e)[\delta u] = 0\ \forall\ \delta u$.

Un point extremum u^e peut correspondre à un maximum ou un minimum ou un point d'inflexion de E...

On dit aussi que la fonctionnelle E est stationnaire au point u^e.

2.1.3   Extremum d'une fonctionnelle intégrale

Considérons d'abord le problème suivant :
On cherche les extrema de

$$E(u) = \int_a^b F\left(x, u(x), u'(x)\right)\ dx \tag{2.5}$$

sur un ensemble des fonctions admissibles particulier :

$$u \in U = \left\{ u \in C^1 \mid u(a) = A\ ,\ u(b) = B \right\} \tag{2.6}$$

où C^1 désigne l'ensemble des fonctions dérivables, à dérivée continue sur $[a, b]$.

Par définition, en un point d'extremum u^e, on doit avoir $E_{,u}(u^e)[\delta u] = 0$ dans toute direction δu telle que $u + t\delta u \in U$.

Il suffit d'introduire l'espace vectoriel associé :

$$U_o = \left\{ u \in C^1 \mid u(a) = 0 \ , \ u(b) = 0 \right\} \tag{2.7}$$

pour écrire que :

$$E_{,u}\left(u^e\right)[\delta u] = 0 \quad \forall \ \delta u \in U_o \tag{2.8}$$

L'équation (2.8) représente les **équations variationnelles** caractérisant les extrema.

D'après la définition (2.3), on a :

$$E_{,u}(u)[\delta u] =$$

$$\lim_{t \to 0} \frac{1}{t} \int_a^b \left\{ F\left(x, u(x) + t\delta u(x), u'(x) + t\delta u'(x)\right) - F\left(x, u(x), u'(x)\right) \right\} \ dx$$

donc

$$E_{,u}(u)[\delta u] = \int_a^b \left\{ F_{,u}\left(x, u\left(x\right), u'\left(x\right)\right) \delta u\left(x\right) + F_{,u'}\left(x, u\left(x\right), u'\left(x\right)\right) \delta u'\left(x\right) \right\} \ dx.$$

Le deuxième terme du second membre se transforme par intégration par parties :

$$\int_a^b F_{,u'} .\delta u' dx = \left[F_{,u'} \delta u \right]_a^b - \int_a^b \frac{d}{dx} F_{,u'} .\delta u \, dx$$

de sorte que l'on a nécessairement en un point d'extremum :

$$E_{,u}\left(u^e\right)[\delta u] = \int_a^b \left\{ F_{,u} - \frac{d}{dx} F_{,u'} \right\}^e . \delta u \ dx = 0.$$

Cette équation variationnelle nous permet d'affirmer que l'équation locale suivante :

$$F_{,u} - \frac{d}{dx} F_{,u'} = 0 \ \forall x \quad , \quad a < x < b \tag{2.9}$$

est nécessairement vérifiée par des points d'extremum.

Cette équation, dite **équation d'Euler**, et les **conditions aux limites imposées** suivantes :

$$u(a) = A \ \ et \ \ u(b) = B$$

représentent les **équations locales** caractérisant les extrema au même titre que les équations variationnelles (2.8).

Exemple

Cherchons la (ou les) courbe de longueur minimale parmi toutes les courbes joignant deux points I et J de coordonnées (a, A) , (b, B) du plan.

Si $y = u(x)$ désigne l'équation d'une telle courbe, la longueur d'un tel arc de courbe est :

$$E(u) = \int_a^b \sqrt{1 + u'^2} dx$$

de sorte que pour cet exemple :

$$F = \sqrt{1 + u'^2}.$$

L'équation d'Euler associée s'écrit :

$$\frac{d}{dx} \left(\frac{u'}{\sqrt{1 + u'^2}} \right) = 0 \quad \forall x \in]a, b[$$

soit $u'(x) =$constante, on retrouve bien une droite comme candidat possible ! Il faut encore justifier qu'il s'agit effectivement d'un minimum.

Si l'on relaxe une condition aux limites en supprimant par exemple la condition $u(b) = B$, on doit changer la définition de U_o, et (2.8) admet un terme supplémentaire :

$$E_{,u}(u^e)[\delta u] = F_{,u'} \delta u|^{x=b} + \int_a^b \left\{ F_{,u} - \frac{d}{dx} F_{,u'} \right\}^e dx = 0.$$

ce qui donne en plus de (2.9), une condition aux limites :

$$F_{,u'}|^{x=b} = 0$$

appelée **condition aux limites naturelle**.

Dans ce cas, l'équation d'Euler ainsi que les conditions aux limites imposées et naturelles représentent les équations locales caractérisant les extrema.

2.1.4 Généralisations diverses

Les résultats précédents s'étendent facilement à des cas plus complexes, par exemple lorsque u est une fonction vectorielle à plusieurs composantes dépendantes de plusieurs variables x_i.

Dans la pratique, il faut retenir simplement la méthode de calcul, en se laissant guider naturellement par le formalisme différentiel, l'écriture δu étant suggestive. On fait apparaitre par des intégrations par parties les facteurs de δu avant de les annuler pour obtenir des équations locales.

Pour des raisons de commodité, on utilise aussi indifféremment les notations suivantes :

$$\delta E = E_{,u}.\delta u = E_{,u}[\delta u],$$
$$\delta^2 E = \delta u.E_{,uu}.\delta u = E_{,uu}[\delta u, \delta u].$$

Exemple

On cherche les fonctions $u(x, y)$, définies dans un domaine Ω du plan telles que $u = u_d$ sur une partie S_u de sa frontière $\partial\Omega$, réalisant un extremum de la fonctionnelle :

$$E(u) = \int_\Omega \frac{1}{2}\left(u_{,x}^2 + u_{,y}^2\right) d\Omega - \int_\Omega g.u \, d\Omega.$$

Dans ce cas on a :

$$U = \left\{ u(x, y) \in H^1(\Omega) \mid u = u_d \text{ sur } S_u \right\},$$
$$U_o = \left\{ u(x, y) \in H^1(\Omega) \mid u = 0 \text{ sur } S_u \right\},$$

on demande l'espace des fonctions $H^1(\Omega)$ car les dérivées $u_{,x}$ ou $u_{,y}$ doivent être de carré sommable.

La solution u doit vérifier les équations variationnelles :

$$E_{,u}(u)[\delta u] = \int_\Omega \left(u_{,x}\,\delta u_{,x} + u_{,y}\,\delta u_{,y}\right) \, d\Omega - \int_\Omega g\,\delta u \, d\Omega = 0.$$

On applique les formules de Gauss :

$$\int_\Omega A_{,i} \, d\Omega = \int_{\partial\Omega} A \, n_i \, ds$$

pour faire des intégrations par parties. L'expression de $E_{,u}(u)[\delta u]$ s'écrit aussi :

$$\int_\Omega -(u_{,xx} + u_{,yy} + g)\,\delta u \, d\Omega \ +$$

$$\int_{\partial\Omega} (u_{,x}\,n_x + u_{,y}\,n_y)\,\delta u \, ds$$

de sorte que l'élément u réalisant l'extremum doit nécessairement satisfaire les équations locales :

$$
\begin{array}{llll}
\Delta u + g & = & 0 \quad dans \quad \Omega & \text{(équation d'Euler)}, \\
u & = & u_d \quad sur \quad S_u & \text{(condition aux limites imposée)}, \\
\dfrac{\partial u}{\partial n} & = & 0 \quad sur \quad \partial\Omega - S_u & \text{(condition aux limites naturelle)}.
\end{array}
$$

2.2 Exemples d'illustration

Ce paragraphe donne quelques exemples dans le contexte du chapitre 1, illustrant les équations d'équilibre et l'exploitation du critère de seconde variation pour certains systèmes conservatifs particuliers.

2.2.1 Equilibre d'une tige flexible et inextensible

Il s'agit du problème d'elastica, étudié par Euler en 1744 :

Une tige inextensible mais flexible de longueur L est maintenue à une extrémité O par une liaison empêchant le déplacement et la rotation. Dans la position naturelle sans charge appliquée, elle reste droite suivant l'axe vertical Oy. Sous l'action d'une force verticale descendante d'amplitude λ, elle définit à l'équilibre statique une courbe dans un plan vertical xOy.

Cette courbe peut être décrite par les angles $\theta\left(s\right) = \left(MT, Oy\right)$ en chaque point matériel M de la tige repéré par son abscisse curviligne s, cf. fig.(2.1).

A l'extrémité O, on a $\theta(0) = 0$.

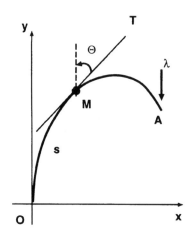

Figure 2.1: Elastica

La courbure de la tige est $\theta' = \dfrac{d\theta}{ds}$.

Si l'on suppose que la tige est linéairement élastique, le moment de flexion est $m = k\theta'$ et l'énergie élastique de flexion par unité de longueur est $\dfrac{1}{2}k\theta'^2$.

Il s'agit d'un système conservatif d'énergie potentielle totale :

$$E = \int_0^L \frac{1}{2}k\theta'^2 ds + \lambda \int_0^L \frac{dx}{ds}\ ds$$

soit

$$E\left(\theta\right) = \int_0^L \left\{\frac{1}{2}k\theta'^2 + \lambda \cos\theta\right\} ds. \tag{2.10}$$

On sait qu'une position d'équilibre statique de la tige correspond à un extremum de l'énergie. Les équations exprimant l'équilibre sont données par la condition d'extrémalité :

$$E_{,\theta}(\theta)[\delta\theta] = 0 = \int_0^L \{k\theta'\delta\theta' - \lambda\delta\theta\sin\theta\}\,ds, \qquad (2.11)$$

soit :

$$[k\theta'\delta\theta]_0^L - \int_0^L \{k\theta''\delta\theta - \lambda\delta\theta\sin\theta\}\,ds = 0.$$

Un équilibre θ vérifie donc les équations locales suivantes appelées équations d'équilibre locales :

$$\begin{aligned} k\theta'' - \lambda\sin\theta &= 0 \qquad \forall s \in]0,L[, \\ \theta'(L) &= 0. \end{aligned}$$

Ces équations, jointes à la condition aux limites imposée $\theta(0) = 0$, devraient permettre de déterminer la (ou les) position d'équilibre si elle existe.

On voit d'ailleurs que la position droite qui correspond à $\theta^0(s) = 0$ vérifie ces équations et constitue donc une position d'équilibre trivial quelle que soit la charge appliquée λ.

Pour étudier la stabilité de cette position triviale, on peut appliquer le critère de seconde variation. Il s'agit de chercher la positivité de la forme quadratique associée à la dérivée seconde $E_{,uu}(\theta^0)[\delta u, \delta u]$.

Il suffit de dériver (2.11) dans la direction $\delta\theta$:

$$E_{,uu}(\theta)[\delta\theta, \delta\theta] = \int_0^L \{k\delta\theta'^2 - \lambda\delta\theta^2\cos\theta\}\,ds$$

puis de prendre $\theta = \theta^0$:

$$\delta^2 E^0 = E_{,uu}(\theta^0)[\delta\theta, \delta\theta] = \int_0^L \{k\delta\theta'^2 - \lambda\delta\theta^2\}\,ds.$$

La stabilité de la position d'équilibre triviale est donnée par la positivité de cette forme quadratique. Par exemple cette position est surement stable pour $\lambda = 0$!

Sujet de réflexion :
  Donner la réponse complète à cette étude de stabilité.

2.2.2   Equilibre d'une bulle de savon

Ce problème a été discuté par Landau & Lipschitz [59] et par Bérest [14], [15].

On considère deux anneaux circulaires coaxiaux, de rayon R, écartés d'une distance 2λ. Une pellicule de savon est tendue entre ces deux anneaux. On souhaite calculer la (ou les) solution d'équilibre éventuelle respectant la symétrie de révolution autour de l'axe des anneaux. Une telle solution est elle stable donc susceptible d'être obtenue expérimentalement ?

Prenons l'origine sur l'axe, à égale distance des deux anneaux. La pellicule a pour équation $r = u(x)$ avec la condition imposée $u(\lambda) = u(-\lambda) = R$ dans une position axi-symétrique.

Soit k la constante de tension superficielle, l'énergie emmagasinée est k fois la surface de la bulle :

$$E(u) = 2\pi k \int_{-\lambda}^{+\lambda} u\sqrt{1 + u'^2}\, dx. \tag{2.12}$$

Un équilibre défini par la fonction u doit réaliser un extremum de $E(u)$ dans l'ensemble U des fonctions vérifiant les conditions aux limites imposées.

L'équation d'Euler est $\sqrt{1 + u'^2} - \dfrac{d}{dx} \dfrac{uu'}{\sqrt{1 + u'^2}} = 0$

avec le changement de variable $u' = \sinh v$, on a :

$$\cosh v - \frac{v'u}{\cosh^2 v} - u'\tanh v = 0 \quad soit \quad u = \frac{\cosh v}{v'}$$

ce qui entraine $u' = \dfrac{1}{v'^2}\left(v'^2 \sinh v - v'' \cosh v\right) = \sinh v$ soit $v'' = 0$ et $v(x) = cx + d$.

Finalement, l'équation d'Euler implique que $u = \dfrac{1}{c}\cosh(cx + d)$. Les conditions aux limites $u(\mp\lambda) = R$ conduit à $d = 0$, la constante c doit satisfaire la condition $Rc = \cosh \lambda c$:

$$u = \frac{1}{c}\cosh cx \quad avec \quad Rc = \cosh \lambda c. \tag{2.13}$$

On est donc amené à l'étude de l'intersection d'une droite de pente R avec une chainette de paramètre λ. Lorsque l'on augmente λ à partir de 0 en écartant progressivement les anneaux, il existe deux solutions d'équilibre de la forme (2.13) pour $0 < \lambda < \lambda_m$ et pas de solution pour $\lambda > \lambda_m$.

Il faut d'autre part ajouter à ces solutions d'autres solutions axi-symétriques qui ne peuvent pas être décrites par une seule fonction u régulière. Par exemple, la bulle peut se séparer en deux pellicules distinctes tendues sur chacun des anneaux ! Cette solution, valable quel que soit λ, correspond à un cas limite, lorsque le graphe de $u(x)$ s'aplatit complètement.

Pour étudier la stabilité des solutions obtenues lorsque $0 < \lambda < \lambda_m$, on doit examiner la variation seconde de E. Un calcul fastidieux mais sans difficulté donne :

$$E_{,uu}^e[\delta u, \delta u] = \int_{-\lambda}^{+\lambda} \frac{1}{c\cosh^2 cx}\left(\delta u'^2 - c^2 \delta u^2\right) dx \tag{2.14}$$

qui s'écrit aussi après changement de variable $\xi = \dfrac{x}{\lambda}$:

$$E_{,uu}^e[\delta u, \delta u] = \int_{-1}^{+1} \frac{1}{\cosh^2 \lambda c\xi}\left(\delta u'^2(\xi) - 2\lambda c\,\delta u^2(\xi)\right) d\xi. \tag{2.15}$$

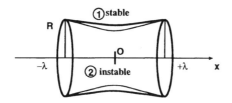

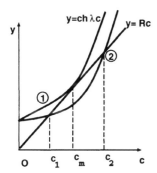
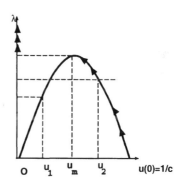

Figure 2.2: Equilibre d'une bulle de savon

Il s'agit d'une forme quadratique relativement complexe dont l'étude de la positivité n'est pas triviale a priori !

- Soient c_1 et c_2 les solutions obtenues, on sait que $c_1 < c_m < c_2$ de sorte que d'après (2.13) on a aussi $\lambda c_1 < \lambda_m c_m < \lambda c_2$.

Il est intéressant de noter que l'expression (2.15) de la seconde variation implique que :

$$E_{,uu}^{e1}\left[\delta u, \delta u\right] > E_{,uu}^{em}\left[\delta u, \delta u\right] \qquad \forall \quad \delta u \neq O \qquad (2.16)$$

car, par rapport à la variable z, la fonction $\dfrac{1}{\cosh^2 z\xi}$ est décroissante et la fonction $\dfrac{z}{\cosh z\xi}$ est croissante pour $z < \lambda_m c_m$, ξ étant un paramètre $\in]-1, 1[$.

- Pour $\lambda = \lambda_m$, cette forme quadratique est singulière au sens suivant :

$$\exists \qquad X \neq O \; , \; X\left(\pm\lambda_m\right) = 0 \quad \text{tel que} \quad E_{,uu}^{em}\left[X, X'\right] = 0. \qquad (2.17)$$

En effet, cherchons $X \neq O$, $X\left(\mp\lambda_m\right) = 0$ rendant stationnaire $\delta^2 E^{em}$. Un tel vecteur doit satisfaire alors l'équation locale :

$$X" - X'.2c_m \tanh c_m x + c_m^2 X = 0. \qquad (2.18)$$

On trouve :

$$X(x) = xc_m \sinh xc_m - \cosh xc_m \qquad (2.19)$$

car l'expression (2.19) satisfait l'équation (2.18). D'autre part $X(\mp\lambda_m) = 0$ car la relation $\lambda_m c_m \sinh \lambda_m c_m - \cosh \lambda_m c_m = 0$, jointe à (2.13), caractérise λ_m et c_m.

- Un résultat général dû à Bérest [14] permet d'affirmer que le critère de seconde variation est effectivement vérifié pour l'équilibre 1 :

  Pour cela, revenons au cas général (2.5), (2.6). On écrit la seconde variation au point u^e sous la forme :

  $$\delta^2 E^e = \int_a^b J^e(\delta u)\,\delta u dx. \qquad (2.20)$$

  Soit alors $Y(x)$ une solution de l'équation dite de Jacobi :

  $$J^e(Y) = 0 \quad dans \quad]a, b[, \qquad (2.21)$$

  on a le résultat suivant :

  $$\delta^2 E^e = \int_a^b F^e_{,u'u'} \left\{ \frac{Y'}{Y}\delta u - \delta u' \right\}^2 dx \qquad (2.22)$$

  lorsque Y ne s'annule pas sur $[a, b]$.

  Dans notre cas :

  $$F^e_{,u'u'} = \frac{1}{c}\cosh^2 cx > 0, \qquad (2.23)$$

  $$Y(x) = cx \sinh cx - \cosh cx, \qquad (2.24)$$

  l'expression (2.22) est valable et montre que $\delta^2 E > 0$ pour $0 < \lambda < \lambda_m$.

  Lorsque λ croit, l'équilibre 1 est donc stable et perd sa stabilité quand $\lambda = \lambda_m$.

- Pour établir que l'équilibre 2 est instable, on peut par exemple montrer que le critère de seconde variation est violé. Il s'agit d'exhiber une fonction $Z(x)$ vérifiant $Z(\pm\lambda) = 0$ telle que $E^2_{,uu}[Z, Z] < 0$.

  Considérons pour cela la fonction :

  $$Z(x) = Y(x) - Y(\lambda). \qquad (2.25)$$

Elle vérifie $Z(\pm\lambda) = 0$ et $J^e(Z)(x) = \dfrac{c^2}{\cosh^2 cx}Y(\lambda)$ de sorte que :

$$
\begin{aligned}
E^2_{,uu}[Z, Z] &= \int_{-\lambda}^{+\lambda} J^e(Z).Z dx \\
&= \int_{-\lambda}^{+\lambda} \frac{2c}{\cosh cx} Y(\lambda) Z(x)\, dx \\
&< 0
\end{aligned}
\qquad (2.26)
$$

car $Y(\lambda) > 0$ et $Z(x) < 0$ pour $c = c_2$.

En conclusion, lorsque $0 < \lambda < \lambda_m$, on obtient deux positions d'équilibre dont une seule est stable. L'équilibre instable correspond à une forme plus plongeante de la bulle.

La fig.(2.2) donne également quelques réponses possibles du système lorsque l'on fait varier λ. Par exemple, lorsque λ croit à partir de zéro, on suit un trajet correspondant à l'équilibre 1, puis le système saute à l'équilibre trivial signalé précédemment avec éventuellement deux pellicules de savon couvrant les deux anneaux. On peut diminuer λ jusqu'à 0 avec cette solution et repartir de nouveau avec l'autre solution en augmentant λ etc.

2.3   Problème aux vecteurs propres généralisé

Dans l'exploitation du critère de seconde variation, on a souvent à étudier la positivité d'une forme quadratique Q suivante :

$$Q[v,v] = a[v,v] - b[v,v] \qquad (2.27)$$

où $v \in V$, un espace vectoriel donné, a et b sont deux formes bilinéaires symétriques :

$$a[u,v] = a[v,u] \quad , \quad b[u,v] = b[v,u]. \qquad (2.28)$$

D'une façon plus précise, on suppose que V est un espace de Hilbert et qu'une des deux formes est positive, par exemple :

$$b[v,v] > 0 \quad pour \quad v \neq 0. \qquad (2.29)$$

et constitue un produit scalaire sur V.

Définition

S'il existe un nombre μ et un élément $u \neq O$ tels que :

$$a[u,v] - \mu b[u,v] = 0 \quad \forall v \qquad (2.30)$$

alors μ est appelé une valeur propre et u un vecteur propre associé du problème aux vecteurs propres généralisé relatif aux deux formes a, b .

Une valeur propre μ est multiple d'ordre k si l'ensemble des vecteurs propres associé à μ forme un espace vectoriel de dimension k.

Propriétés

On rappelle les propriétés intéressantes suivantes :

- L'ensemble des valeurs propres est dénombrable. On peut donc classer les valeurs propres par ordre croissant :

$$\mu_1 \leq \mu_2 \leq \mu_3 \leq \ ... \qquad (2.31)$$

en répétant si nécessaire suivant leur multiplicité.

-
$$a\,[u_i, u_j] = b\,[u_i, u_j] = 0 \quad si \quad i \neq j. \tag{2.32}$$

-
$$\mu_i = R\,(u_i) = \frac{a\,[u_i, u_i]}{b\,[u_i, u_i]} \tag{2.33}$$

où $R\,(v) = \dfrac{a\,[v, v]}{b\,[v, v]}$ désigne le quotient de Rayleigh associé à v.

- on a :

$$R\,(u_1) = \min_{v \in V} R\,(v). \tag{2.34}$$

Exemple

L'exploitation du critère de seconde variation dans l'exemple de la tige flexible et inextensible a conduit à l'étude de la forme quadratique

$$Q\,[v, v] = \int_0^L \left(kv'^2 - \lambda v^2\right) ds$$

sur l'espace vectoriel $U_0 = \{v \in H_1\,[0, L] \mid v(0) = 0\}$.

A ce problème s'associe d'une façon naturelle le problème aux vecteurs propres (2.30) avec :

$$a\,[v, v] = \int_0^L kv'^2 ds \quad , \quad b\,[v, v] = \int_0^L v^2 ds \quad , \quad \mu = \lambda.$$

Il s'agit de chercher les couples (u, μ) tels que :

$$\int_0^L (ku'\delta u' - \mu u \delta u)\, ds = 0 \quad \forall \ \delta u \in V$$

après l'intégration par parties, cette équation variationnelle conduit aux équations locales suivantes :

$$\begin{aligned} ku'' + \mu u &= 0 \quad \text{sur} \quad]0, L[\\ u(0) &= 0 \\ u'(L) &= 0 \end{aligned}$$

ce qui implique que $u = A \sin \sqrt{\dfrac{\mu}{k}}\, s$ avec $\cos \sqrt{\dfrac{\mu}{k}}\, L = 0$.

Il en résulte que $\mu_n = \left(n\pi - \dfrac{\pi}{2}\right)^2 \dfrac{k}{L^2}$ et $u_n = \sin\left(n\pi - \dfrac{\pi}{2}\right) \dfrac{s}{L}$.

Connaissant μ_1 et u_1, il est facile d'étudier la positivité de $Q\,[v, v]$.

2.4 Rappels sur les systèmes linéaires

Soient M une matrice symétrique définie positive et K une matrice quelconque de R^n. On s'intéresse ici à la résolution du système linéaire :

$$(K - \lambda M)\, x = y \qquad (2.35)$$

où y est un vecteur donné et x l'inconnue à déterminer.

En multipliant par M^{-1}, le problème à résoudre s'écrit aussi

$$(z, (A - \lambda I)\, x - f) = 0 \ \ \forall\, z \in R^n$$

où (z , y) désigne le produit scalaire zMy , A la matrice $M^{-1}K$, f le vecteur $M^{-1}y$.

On est donc ramené à la détermination de x, solution du problème :

$$(A - \lambda I)\, x = f$$

dans R^n muni du produit scalaire (,). Pour éviter les confusions possibles, on note . le produit scalaire canonique de R^n.

On rappelle que l'opérateur adjoint A^* de A est défini par :

$$(z, Ax) = (A^*z, x) \ \ \forall x\ ,\ z.$$

Cette définition entraine que :

$$Ker(A^* - \lambda I) = Im(A - \lambda I)^{\perp}. \qquad (2.36)$$

En effet, si X^* satisfait $(A^* - \lambda I)\, X^* = O$, on a nécessairement

$$(v, (A^* - \lambda I)\, X^*) = ((A - \lambda I)v\ ,\ X^*) = 0 \ \ \forall\, v$$

et réciproquement.

Si λ n'est pas une valeur propre de A, on sait que le problème posé est régulier et possède une solution unique.

Si λ est une valeur propre de A, soit X un vecteur propre associé. Comme λ est alors aussi une valeur propre de A^*, soit X^* un vecteur propre associé. On a d'ailleurs :

$$(K - \lambda M)\, X = O \ \ ,\ \ (K^t - \lambda M)\, X^* = O. \qquad (2.37)$$

Multipliant (2.35) par X^*, on voit que la condition nécessaire obtenue, $X^*\,.\,y = 0$ (dite condition de compatibilité) , est aussi la condition suffisante d'après la propriété (2.36).

La solution x existe alors et s'écrit sous la forme :

$$x = x_0 + aX$$

où a désigne un nombre arbitraire.

Pour lever cette indétermination, on peut par exemple imposer que $x\,.\,X = 0$, ce qui fixe le coefficient a en fonction du représentant x_0 adopté. La solution est alors unique.

Si l'on suppose que la propriété suivante est aussi satisfaite :

$$R^n = Ker(A - \lambda\,I) \oplus Im(A - \lambda\,I) \qquad (2.38)$$

(c'est le cas par exemple lorsque la valeur propre est simple), il est intéressant de noter que $(X^*, X) = X^* M X \neq 0$:

En effet, si $(X^*, X) = 0$, d'après (2.36) on aurait $X \in Im(A - \lambda\,I)$. Il en résulte que X doit appartenir à l'intersection des ensembles $Ker(A - \lambda\,I)$ et $Im(A - \lambda\,I)$ soit $X = O$, ce qui est impossible.

Chapitre 3

Point de bifurcation - Point limite

On étudie dans ce chapitre les équilibres d'un système conservatif dépendant d'un paramètre de contrôle λ. Les notions de courbe d'équilibres, de point d'équilibre régulier ou critique, de point de bifurcation ou point limite sont introduites.

3.1 Equilibres d'un système conservatif

3.1.1 Courbes d'équilibres

Soit un système mécanique défini par des paramètres de déplacement u, vecteur de R^n. On suppose que ce système est conservatif, d'énergie potentielle totale E dépendant d'un paramètre de contrôle λ :

$$E = E(u, \lambda). \tag{3.1}$$

On rappelle que les équilibres possibles u du système associés à une valeur donnée λ de contrôle sont les solutions des équations :

$$\delta E = E_{,u}(u, \lambda).\delta u = 0. \tag{3.2}$$

Ce système de n équations à n inconnues u^i peut admettre une ou aucune ou plusieurs solutions notées u_λ.

Lorsque λ varie, compte tenu de la continuité de E par rapport à λ, l'ensemble des solutions u_λ forme éventuellement une ou plusieurs courbes dans l'espace $u \times \lambda$. Ce sont par définition des courbes d'équilibres du système.

Pour décrire ces courbes d'équilibres, on peut adopter la représentation générale d'une courbe dans R^{n+1} :

$$u = u(t) \quad , \quad \lambda = \lambda(t)$$

où t désigne un paramètre quelconque.

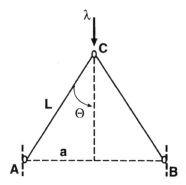

Figure 3.1: Cadre triangulaire

3.1.2   Exemple

Charge limite par claquage (snap-through) d'un cadre triangulaire :

Considérons le système de la fig.(3.1). Il s'agit de deux barres élastiques identiques articulées en C et sur rotules fixes en A et B, astreintes à se déplacer dans le plan vertical. Sous l'action d'une force verticale descendante $\lambda > 0$, on suppose que ces barres restent rectilignes et que l'effort normal transmis est proportionnel à la variation de longueur, $N = k\,(\ell - \ell_0)$.

Soit 2θ l'angle ACB, $2a$ la distance AB. Pour $\lambda = 0$, on a $\theta = \theta_0$ avec $\sin\theta_0 = \dfrac{a}{\ell_0}$.

Cherchons la courbe d'équilibres $\lambda = \lambda\,(\theta)$ donnant les positions d'équilibre du système :

Le système est conservatif, d'énergie potentielle totale :

$$E\,(\theta, \lambda) = ka^2 \left(\frac{1}{\sin\theta_0} - \frac{1}{\sin\theta} \right)^2 - \lambda a \left(\cot\theta_0 - \cot\theta \right).$$

L'équilibre sous la charge λ est donné par l'équation :

$$E_{,\theta} = \frac{a}{\sin^2\theta} \left(2ka \left(\frac{1}{\sin\theta_0} - \frac{1}{\sin\theta} \right) \cos\theta - \lambda \right) = 0$$

soit la courbe de la fig.(3.2) :

$$\lambda = 2ka \left(\frac{1}{\sin\theta_0} - \frac{1}{\sin\theta} \right) \cos\theta$$

que l'on peut aussi retrouver directement à partir de l'équilibre statique des forces $\lambda = 2N\cos\theta$.

Cette courbe est croissante dans les intervalles $\theta_0 < \theta < \theta_m$ et $\dfrac{\pi}{2} - \theta_m < \theta$ et décroissante dans l'intervalle $\theta_m < \theta < \dfrac{\pi}{2} - \theta_m$.

Lorsqu'on charge le système en faisant augmenter λ à partir de 0, la charge $\lambda_c = \lambda\,(\theta_m)$ est une charge critique car au delà de λ_c, le système bascule brutalement d'une manière dynamique à l'autre côté. C'est le phénomène de claquage, la charge λ_c est une charge "limite" !

La stabilité des équilibres des différentes portions de cette courbe est donnée par le critère de seconde variation c'est à dire par le signe de $E_{,\theta\theta}$.

Les équilibres obtenus sont stables pour les portions montantes et instables pour les portions descendantes de la courbe d'équilibres.

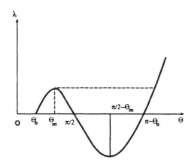

Figure 3.2: Courbe d'équilibres
Claquage d'un cadre triangulaire

3.2   Point de bifurcation - Point limite

3.2.1   Point de bifurcation

Soit un état d'équilibre donné représenté par un point (u_e, λ_e) dans l'espace $u \times \lambda$. A priori, ce point d'équilibre peut être un point isolé ou faire partie d'une courbe ou de plusieurs courbes d'équilibres.

Définition

Un point d'équilibre est un point de bifurcation s'il est le point d'intersection d'au moins deux courbes d'équilibres.

Puisque deux courbes peuvent se couper transversalement ou tangentiellement comme l'indique la fig.(3.3), on parlera de bifurcation angulaire ou de bifurcation tangente selon que les directions des tangentes à ces courbes peuvent être distinctes ou identiques au point d'intersection.

Dans le même esprit, l'analyse de bifurcation d'une courbe d'équilibres donnée consiste à détecter les points d'intersection de cette courbe avec d'autres courbes d'équilibres.

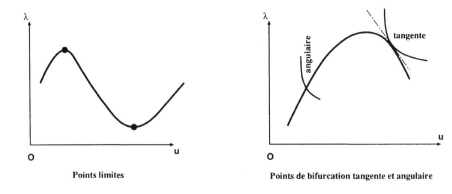

Figure 3.3: Point limite et point de bifurcation

3.2.2 Problème en vitesses

L'analyse de bifurcation d'une courbe sera aisée si l'on sait résoudre le problème fondamental suivant :

Problème fondamental

Déterminer la (ou les) courbe d'équilibres passant par un point d'équilibre donné.

Commentaires (pour les esprits mathématiques !)

Noter que ce problème entre dans le cadre plus général du théorème des fonctions implicites en mathématiques. Notre discussion ici revient à étudier ce théorème d'une façon particulière. [1]

Comme chaque courbe donne lieu à une direction tangente $(\dot{u}, \dot{\lambda})$, on peut dans un premier temps remplacer la recherche des courbes d'équilibres par la recherche des directions tangentielles susceptibles de donner lieu à des courbes. Pour cela, on peut se placer sur une courbe et dériver l'équation (3.2) par rapport au paramètre t de la courbe. Au point d'équilibre considéré, on obtient alors :

$$\delta u . \left(E_{,uu} \left(u_e, \lambda_e \right) . \dot{u} + E_{,u\lambda} \left(u_e, \lambda_e \right) . \dot{\lambda} \right) = 0. \tag{3.3}$$

Il s'agit d'un système de n équations linéaires reliant les $n+1$ inconnues $\dot{u}, \dot{\lambda}$. Ce système permet de déterminer toutes les directions tangentes éventuelles. La proposition suivante est évidente :

Proposition

Une direction tangente à une courbe d'équilibres vérifie nécessairement le système (3.3).

Sujet de réflexion

Sa réciproque est-elle vraie ?

Pour des raisons de commodité, les équations (3.3) seront appelées équations du problème en vitesses . En effet, (3.3) permet de déterminer les taux de variation de u associés à un taux de variation de λ. Le terme "vitesses" est ici compris au sens des taux de variation.

L'étude du problème en vitesses est très facile. En effet, les équations (3.3) montrent que si la matrice des dérivées secondes $E^e_{,uu} = E_{,uu}(u_e, \lambda_e)$ est régulière, (3.3) est un système linéaire de Cramer, il n'existe qu'une seule direction possible. Par contre, si cette matrice est singulière, on peut en avoir une avec $\dot\lambda = 0$, ou une infinité de directions éventuelles. On va exploiter tous ces résultats d'une manière plus parlante suivante :

Point régulier - Point critique

Par abus de langage, on dira qu'un point d'équilibre est un point régulier ou point critique selon le caractère régulier ou singulier de la matrice des dérivées secondes $E^e_{,uu}$.

Un point de bifurcation angulaire doit être d'abord un point critique car en ce point le problème en vitesses admet au moins deux solutions. Mais réciproquement, un point critique quelconque n'est pas nécessairement un point de bifurcation.

Pour simplifier la discussion, admettons que la matrice $E^e_{,uu}$ est singulière mais de rang $n-1$. Cela veut dire qu'il existe un vecteur propre X et un seul associé à la valeur propre simple $\mu = 0$ de cette matrice :

$$\delta u . E^e_{,uu} . X = 0. \tag{3.4}$$

Pour un $\dot\lambda$ fixé, le système linéaire (3.3) est impossible si $\dot\lambda E^e_{,u\lambda}.X \neq 0$ et indéterminé si $\dot\lambda E^e_{,u\lambda}.X = 0$.

Il en résulte que si :

$$E^e_{,u\lambda}.X \neq 0 \tag{3.5}$$

alors la direction $(X, 0)$ est la seule solution de (3.3). Il s'agit d'une direction particulière, "horizontale " car $\dot\lambda = 0$!

Par contre, si :

$$E^e_{,u\lambda}.X = 0 \tag{3.6}$$

le système (3.3) admet une infinité de solutions de la forme $\left(\dot{u}^0 + \xi X, \dot{\lambda}^0\right)$ où les vitesses $\dot{\lambda}^0$ et ξ étant arbitraires.

Point limite - Point de bifurcation

Par définition, un point limite est un point qui réalise un maximum local ou un minimum local de λ sur une courbe d'équilibres et qui n'est pas un point de bifurcation.

La proposition suivante est évidente :

Proposition

Un point limite vérifie nécessairement les conditions (3.4), (3.5).
Un point de bifurcation vérifie nécessairement les conditions (3.4), (3.6).

Remarques

La réciropre n'est pas toujours vraie car il reste à vérifier de nombreuses autres conditions, en particulier que les directions en question donnent lieu effectivement à de véritables courbes d'équilibres.

3.3   Courbe d'équilibres au voisinage d'un point régulier

Cherchons la courbe d'équilibres par son développement asymptotique :

$$
\begin{aligned}
\lambda &= \lambda_e + \lambda_1 \tau + \frac{1}{2}\lambda_2 \tau^2 + o\left(\tau^2\right), \\
u &= u_e + u_1 \tau + \frac{1}{2}u_2 \tau^2 + o\left(\tau^2\right)
\end{aligned}
\tag{3.7}
$$

où $\tau = t - t^e$.

On sait d'après (3.3) que :

$$
\delta u . \left(E^e_{,uu} . u_1 + E^e_{,u\lambda} . \lambda_1\right) = 0. \tag{3.8}
$$

Il suffit de fixer λ_1 arbitraire puis résoudre (3.8) pour obtenir u_1, la matrice $E^e_{,uu}$ étant dans ce cas inversible.

L'équation (3.3) donne après dérivation par rapport à t puis pour $t = t_e$:

$$
E^e_{,uu} . u_2 + u_1 . E^e_{,uuu} . u_1 + 2\lambda_1 E^e_{,uu\lambda} . u_1 + E^e_{,u\lambda\lambda} \lambda_1^2 + E^e_{,u\lambda} . \lambda_2 = O \tag{3.9}
$$

ce qui donne u_2 en fonction de $(u_1, \lambda_1, \lambda_2)$ etc.

On voit donc que les développements de divers ordres d'une telle courbe sont définis d'une manière unique. Il ne peut exister qu'une seule courbe d'équilibres passant par un point régulier.

3.4 Courbe d'équilibres au voisinage d'un point limite

3.4.1 Expression locale

Au voisinage d'un point limite (u_e, λ_e) , on cherche dans le même esprit un développement (3.7) de la courbe d'équilibres avec $\lambda_1 = 0$.

Sous les hypothèses de travail admises, on obtient alors nécessairement $u_1 = X$. Les termes du second ordre vérifient l'équation (3.9) qui se réduit à :

$$\delta u. \left(E^e_{,uu}.u_2 + X.E^e_{,uuu}.X + E^e_{,u\lambda}.\lambda_2 \right) = 0. \tag{3.10}$$

Cette équation implique, en prenant $\delta u = X$:

$$E^e_{,uuu} [X, X, X] + E^e_{,u\lambda}.X\lambda_2 = 0 \tag{3.11}$$

soit l'expression suivante de λ_2 :

$$\lambda_2 = -\frac{E^e_{,uuu} [X, X, X]}{E^e_{,u\lambda}.X} \tag{3.12}$$

lorsque le numérateur est supposé non nul. La signification physique de cette condition sera examinée après.

Le coefficient λ_2 étant défini de cette façon, le système linéaire (3.10) donne alors u_2 sous la forme $u_2 = U_2 + a_2 X$ où a_2 désigne un coefficient arbitraire, U_2 est une solution particulière.

Les termes suivants du développement peuvent être calculés de la même façon. Chaque fois, il faut résoudre un système linéaire singulier , la condition de compatibilité du second membre donne les coefficients λ_i, puis la résolution de ce système linéaire donne u_i sous la forme $u_i = U_i + a_i X$, a_i désigne un coefficient arbitraire, U_i est une solution particulière, etc.

Pour éviter cette indétermination sur les u_i, on peut imposer la condition $X.u_i = 0$. Cela revient à adopter un paramètre particulier $\tau = \xi = (u - u_e).X$ dont la signification physique est claire d'après son expression, ξ représentant la composante de l'écart $u - u_e$ suivant le mode. La courbe d'équilibres passant par un point limite a pour développement asymptotique :

$$
\begin{aligned}
\lambda &= \lambda_e & +\lambda_2 \frac{\xi^2}{2!} & +.... \\
u &= u_e + X\xi & +u_2 \frac{\xi^2}{2!} & +...., \quad \text{avec} \quad u_i . X = 0
\end{aligned}
\tag{3.13}
$$

et elle est unique.

3.4.2 Echange de stabilité

Au voisinage du point limite, montrons qu'il y a échange de stabilité au sens suivant : si les points d'un côté de la courbe correspondent à des équilibres stables, alors les points de l'autre côté sont des équilibres instables et vice versa.

En effet, examinons la matrice $E^\tau_{,uu}$ au voisinage du point limite en admettant que tout varie continûment dans notre problème lorsque E est suffisamment continu en fonction de ses arguments. Elle possède une valeur propre μ_τ associée au vecteur propre X_τ avec un développement :

$$
\begin{aligned}
\mu_\tau &= \mu_1\tau + \mu_2\frac{\tau^2}{2!} + ..., \\
X_\tau &= X + X_1\tau + X_2\frac{\tau^2}{2!} + ...
\end{aligned}
\tag{3.14}
$$

Montrons qu'en fait μ_1 s'exprime par la relation :

$$
\mu_1 = -\frac{E^e_{,uuu}[X,X,X]}{X.X}
\tag{3.15}
$$

de sorte que si $\lambda_2 \neq 0$, on a aussi $\mu_1 \neq 0$, d'où l'échange de stabilité au point limite.

En effet, comme :

$$
\delta u.E^\tau_{,uu}.X^\tau = \mu^\tau X^\tau.\delta u
$$

et :

$$
E^\tau_{,uu} = E^e_{,uu} + E^e_{,uuu}.X\tau + ...
$$

en prenant $\delta u = X$ et en développant l'équation précédente, on obtient 0 pour les terme d'ordre 0 et la relation (3.15) par les termes d'ordre 1.

La signification de la non-nullité de λ_2 est alors claire. Elle est subordonnée au fait que la matrice $E_{,uu}$ perd sa positivité d'une manière franche.

Finalement, au voisinage d'un point limite, passe une courbe d'équilibres unique dont l'allure est donnée par la fig.(3.4).

Cette discussion montre aussi que si $E^e_{,uuu}[X,X,X] \neq 0$, les conditions (3.4) et (3.5) caractérisent effectivement un point limite.

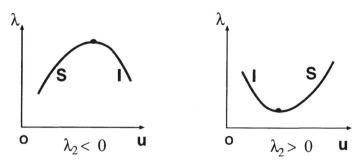

Figure 3.4: Echange de stabilité au point limite

3.5 Remarques

On peut aussi retrouver tous les résultats précédents en cherchant à résoudre directement le problème fondamental par la méthode suivante dite de Liapounov-Schmidt :

On pose $\Delta\lambda = \lambda - \lambda^e$, $\Delta u = u - u^e$ en considérant $\Delta\lambda$ et Δu comme des infiniment petits indépendants.

Dans ce cas, le vecteur $E_{,u}$ s'écrit aussi sous la forme d'un double développement de Taylor par rapport à ces variables :

$$
\begin{aligned}
E_{,u} = {} & E_{,u}^e + E_{,uu}^e.\Delta u + E_{,u\lambda}^e.\Delta\lambda \\
& + \tfrac{1}{2}\left(E_{,uuu}^e\left[\Delta u, \Delta u, .\right] + 2E_{,uu\lambda}^e\left[\Delta u, .\right]\Delta\lambda + E_{,u\lambda\lambda}^e\Delta\lambda^2 \right) \qquad (3.16) \\
& + \text{ termes d'ordre supérieur.}
\end{aligned}
$$

Les équations d'équilibre $E_{,u} = O$ relient en fait ces variables et conduisent à distinguer les différents cas suivants :

- Si la matrice $E_{,uu}^e$ est inversible, Δu est lié à $\Delta\lambda$ par une fonction dont le développement est :

$$
\Delta u = E_{,uu}^{e-1}.E_{,u\lambda}^e\Delta\lambda + O\left(\Delta\lambda^2\right)
$$

et conduit à une seule courbe d'équilibre.

- Si la matrice $E_{,uu}^e$ est singulière, admettant une direction propre simple X par exemple, deux cas sont à distinguer :

  - lorsque $E_{,u\lambda}^e.X \neq 0$:
  En multipliant (3.16) par X, les équations d'équilibre (3.2) impliquent que les infiniment petits $\Delta\lambda$ et Δu sont liés par ·

$$
E_{,u\lambda}^e.X\,\Delta\lambda + \frac{1}{2}E_{,uuu}^e\left[\Delta u, \Delta u, X\right] = 0 + o\left(\Delta u^2\right)
$$

  soit $\Delta\lambda$ est du second ordre en Δu : $\Delta u^2 \propto \Delta\lambda$.
  On peut toujours écrire Δu sous la forme $\Delta u = \xi X + w$ avec $w \cdot X = 0$, ξ étant la composante de Δu suivant le mode X. Il est clair que ξ est aussi un infiniment petit et que w tend vers O quand ξ tend vers 0.
  En prenant ξ comme paramètre, les équations (3.2) impliquent alors que $w = o(\xi)$, ce qui conduit au développement (3.13) et (3.12) d'une seule courbe d'équilibres.

  - lorsque $E_{,u\lambda}^e.X = 0$:
  En multipliant (3.16) par X, les équations d'équilibre (3.2) impliquent que les infiniment petits $\Delta\lambda$ et Δu sont liés par :

$$
E_{,uuu}^e\left[\Delta u, \Delta u, X\right] + 2E_{,uu\lambda}^e\left[\Delta u, X\right]\Delta\lambda + E_{,u\lambda\lambda}^e.X\,\Delta\lambda^2 = o\left(\Delta u^2\right). \quad (3.17)
$$

A priori, Δu et $\Delta \lambda$ pourraient avoir le même ordre !

Les équations (3.2) impliquent alors que $\Delta u = X\tau + O\left(\Delta u^2\right)$. Il ne faut pas non plus oublier le cas particulier $\Delta u = O$, $\Delta \lambda$ arbitraire lorsque tous les termes $E^e_{,u\lambda_x\lambda}.\, X$ sont nuls.

Si $E^e_{,u\lambda\lambda}.X \neq 0$, ces résultats suggèrent le développement :

$$
\begin{array}{rclllll}
\lambda_\tau & = & \lambda_e & +\lambda_1\tau & +\lambda_2\frac{1}{2!}\tau^2 & +..., \\
u_\tau & = & u_e & +X\tau & +u_2\frac{1}{2!}\tau^2 & +...
\end{array}
\tag{3.18}
$$

où λ_1 vérifie l'équation du second ordre :

$$
E^e_{,uuu}\left[X,X,X\right] + 2E^e_{,uu\lambda}\left[X,X\right]\lambda_1 + 2E^e_{,u\lambda\lambda}.X\lambda_1^2 = 0.
\tag{3.19}
$$

Cette équation conduit éventuellement à deux valeurs distinctes de λ_1 c'est à dire à deux courbes d'équilibres dont l'intersection est angulaire au point considéré qui constitue donc un point de bifurcation.

Si $E^e_{,u\lambda\lambda}.X = 0$, une bifurcation tangente éventuelle n'est pas non plus exclue.

Chapitre 4

Analyse de bifurcation

On effectue dans ce chapitre l'analyse de bifurcation d'une courbe d'équilibres d'un système conservatif quelconque. La bifurcation d'une courbe triviale d'équation $u = u^0(\lambda)$ est examinée.

4.1 Un exemple simple

4.1.1 Diagramme de bifurcation

Illustrons d'abord le phénomène de bifurcation par un exemple simple afin d'introduire quelques vocabulaires spécifiques.

Soit le système plan de la fig.(1.3) constitué d'une barre rigide OA de longueur L, articulée au point O et d'un ressort spiral élastique tendant à la maintenir dans la position verticale. On étudie les positions d'équilibre de la barre sous l'action d'une charge verticale descendante $\lambda > 0$.

Si l'on suppose que le moment de rappel M du ressort s'exprime en fonction de l'angle de rotation θ de la barre avec la verticale par une relation de la forme

$$M = k_1\theta + k_2\theta^2 + k_3\theta^3,$$

le ressort emmagasine une énergie élastique :

$$V_{e\ell} = \frac{1}{2}k_1\theta^2 + \frac{1}{3}k_2\theta^3 + \frac{1}{4}k_3\theta^4.$$

Le système est alors conservatif, d'énergie potentielle totale :

$$E(\theta, \lambda) = V_{e\ell}(\theta) + \lambda L \cos\theta.$$

L'équilibre du système chargé s'exprime par $E_{,\theta} = 0$ soit :

$$M(\theta) - \lambda L \sin\theta = 0$$

et traduit l'équilibre des moments au point O.

Cette équation définit deux courbes d'équilibres distinctes dans le plan $\theta \times \lambda$:

- Une courbe d'équilibres triviaux C^0 d'équation $\theta = 0$.
- Une courbe d'équilibres non triviaux C d'équation :

$$\lambda = \frac{M(\theta)}{L \sin \theta}.$$

Elles se coupent au point $(0, \lambda_c)$ qui est un point de bifurcation angulaire.

Quand la charge appliquée λ croit à partir de zéro, la courbe C représente une bifurcation de la courbe C^0 en un point critique.

Dans le langage des ingénieurs en calcul des structures, on dit que le système mécanique considéré a flambé à la charge critique de flambage λ_c . Au voisinage de cette charge, la géométrie du système est susceptible de varier énormément par rapport aux variations de la charge λ. C'est le phénomène de flambage par définition. Strictement parlant, un flambage ne se réduit pas nécessairement à une bifurcation mais les deux phénomènes sont étroitement liés.

Comme on connait déjà la courbe C^0 par son équation , il reste à explorer la courbe bifurquée C, par exemple par son graphe en entier. On peut aussi se contenter d'obtenir son développement asymptotique au voisinage du point de bifurcation.

Ce développement s'obtient simplement en écrivant λ sous la forme :

$$\lambda = \lambda_c + \lambda_1 \theta + \lambda_2 \frac{\theta^2}{2!} + \ldots$$

dans l'équation d'équilibre :

$$k_1 \theta + k_2 \theta^2 + k_3 \theta^3 = L \left(\lambda_c + \lambda_1 \theta + \lambda_2 \frac{\theta^2}{2} + .. \right) \left(\theta - \frac{\theta^3}{3!} + \frac{\theta^5}{5!} ... \right)$$

car θ étant petit au voisinage du point de bifurcation.

En identifiant les termes de différents ordres, on obtient :

$$\lambda_c = \frac{k_1}{L}, \qquad \lambda_1 = \frac{k_2}{L}, \qquad \lambda_2 = 2(\frac{k_3}{L} + \frac{1}{6} \frac{k_1}{L}),$$

ce qui conduit aux diagrammes de bifurcation de la fig.(4.1).

On dit que la bifurcation est :

- asymétrique si $\lambda_1 \neq 0$
- symétrique et stable si $\lambda_1 = 0$ et $\lambda_2 > 0$
- symétrique si $\lambda_1 = 0$
- symétrique et instable si $\lambda_1 = 0$ et $\lambda_2 < 0$.

On peut remarquer aisément que la bifurcation est symétrique si l'énergie ne contient pas de termes d'ordre 3.

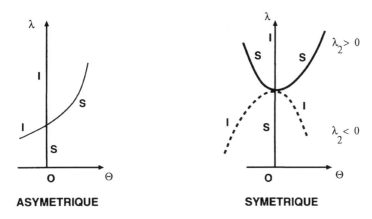

Figure 4.1: Diagramme de bifurcation

4.1.2   Courbe effort - déplacement

Soit Δ le déplacement vertical de A, point d'application de la charge λ . La courbe $\lambda(\Delta)$ est par définition la courbe effort - déplacement. Comme $\Delta = L(1 - \cos\theta)$, on obtient à partir du développement précédent de λ les expressions suivantes :

$$\text{ou}\quad \begin{aligned} \frac{\lambda}{\lambda_c} &= 1 + sign\ \theta\ \frac{\lambda_1}{\lambda_c}\left(2\frac{\Delta}{L}\right)^{\frac{1}{2}} \\ \frac{\lambda}{\lambda_c} &= 1 + 2\frac{\lambda_2}{\lambda_c}\frac{\Delta}{L} \end{aligned}\qquad \text{si}\ \ \lambda_1 = 0,$$

ce qui correspond à des courbes de la fig.(4.2).

4.1.3   Stabilité

La stabilité des équilibres est obtenue par le critère de seconde variation. Il est facile de vérifier que l'équilibre trivial cesse d'être stable après la bifurcation. Les positions d'équilibre vertical sont instables lorsque $\lambda > \lambda_c$.

D'une manière plus générale, on a indiqué sur la fig.(4.1) le caractère stable (S) ou instable (I) des équilibres de différentes portions de ces courbes.

Ces résultats s'obtiennent aussi facilement à partir de la carte de l'énergie E en fonction des paramètres (θ, λ). Pour des faibles angles θ , la fig.(4.2) donne cette carte lorsque la bifurcation est asymétrique ou symétrique et stable. On constate dans ces deux cas que l'équilibre trivial correspond à un niveau d'énergie plus haut que l'équilibre non trivial pour $\lambda > \lambda_c$.

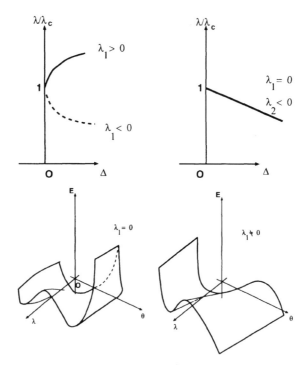

Figure 4.2: Courbe force-déplacement et carte d'énergie

4.2   Analyse de bifurcation

4.2.1   Cadre d'étude

Considérons maintenant le cas général d'un système conservatif quelconque avec un paramètre de contrôle λ , d'énergie $E(u, \lambda)$.

La détermination de différentes courbes d'équilibres au voisinage d'un point de bifurcation a été abordée à la fin du chapitre précédent.

Cependant, le problème de bifurcation se pose souvent dans la pratique d'une manière plus particulière. Souvent, comme dans l'exemple précédent, on connait une courbe d'équilibres triviaux C^0 qui admet la représentation particulière $u = u^0(\lambda)$. On souhaite alors déterminer les points de bifurcation de cette courbe et connaitre la (ou les) courbe bifurquée C, au moins dans un petit voisinage de ces points critiques.

Nous adoptons cette **hypothèse de travail (H1)** dans la suite de notre discussion.

On suppose donc l'existence d'une courbe triviale $u^0(\lambda)$ suffisamment régulière pour que les opérations mathématiques que nous mènerons aient toujours un sens. Une courbe bifurquée en un point critique (u_c, λ_c) sera définie par son écart v par rapport à la courbe triviale :

$$u = u^0(\lambda) + v \tag{4.1}$$

et on cherche à connaitre le point critique et la courbe bifurquée.

Pour résoudre ce problème, on peut :

- soit appliquer la méthode de Liapounov-Schmidt indiquée à la fin du chapitre 3.

- soit introduire immédiatement un développement asymptotique :

$$
\begin{aligned}
\lambda &= \lambda_c + \quad \lambda_1 \tau + \lambda_2 \frac{1}{2!}\tau^2 + \ldots, \\
v &= \quad\quad\quad v_1 \tau + v_2 \frac{1}{2!}\tau^2 + \ldots
\end{aligned}
\tag{4.2}
$$

qu'on essaie de déterminer terme par terme.

Développons cette dernière idée :

Les équations d'équilibre donnent, après dérivation par rapport à τ, les équations en vitesses :

$$\delta u . \left(E,_{uu} \cdot \dot{u} + E,_{u\lambda} \cdot \dot{\lambda} \right) = 0. \tag{4.3}$$

Pour $\tau = 0$, les équations (4.3) écrites respectivement pour les solutions $\dot{u}$ et $\dot{u}^0$, donnent après soustraction des équations obtenues :

$$\delta u \cdot E,_{uu}^c \cdot v_1 = 0 \tag{4.4}$$

ce qui montre que la matrice $E,_{uu}^c$ doit être singulière, résultat déjà connu au chapitre 3.

Soit le problème au vecteur propre généralisé :

$$\delta u \cdot E,_{uu} \left(u^0 \left(\lambda_c \right), \lambda_c \right) \cdot X = 0 \ \forall \ \delta u \qquad (4.5)$$

qui caractérise les points critiques. Les équations (4.5) permettent de définir les valeurs critiques λ_c et les modes propres associés X.

D'après les résultats du chapitre 3, on sait que parmi ces points critiques, les points de bifurcation doivent vérifier en outre :

$$E,_{u\lambda}^c \cdot X = 0. \qquad (4.6)$$

Or, cette dernière condition est automatiquement remplie sous l'hypothèse introduite (H1). En effet, la dérivation par rapport à λ le long de la courbe triviale des équations d'équilibre donne :

$$\delta u \cdot \left(E,_{uu} \left(u^0 \left(\lambda \right), \lambda \right) \cdot u^{0\prime} + E,_{u\lambda} \left(u^0 \left(\lambda \right), \lambda \right) \right) = 0 \qquad (4.7)$$

avec la notation $u^{0\prime} = \frac{du^0}{d\lambda}$.

En un point critique, la condition (4.6) découle alors de (4.7) avec $\delta u = X$.

Il reste à montrer donc que ces points critiques sont effectivement des points de bifurcation par une construction explicite du développement (4.2).

Pour simplifier la discussion, on admet aussi comme au chapitre précédent que l'espace propre associé est de dimension 1 (**hypothèse de travail (H2) de valeur propre simple**).

Les équations (4.4) montrent alors que $v_1 = X$.

4.2.2 Analyse de bifurcation

La dérivation par rapport à τ des équations en vitesses (4.3) conduit aux équations d'ordre 2 :

$$E,_{uu} \left[\ddot{u}, \delta u \right] + E,_{uuu} \left[\dot{u}, \dot{u}, \delta u \right] + 2 E,_{uu\lambda} \left[\dot{u}, \delta u \right] + E,_{u\lambda\lambda} \cdot \delta u \dot{\lambda}^2 + E,_{u\lambda} \cdot \delta u \ddot{\lambda} = 0. \quad (4.8)$$

Pour $\tau = 0$, ces équations sont satisfaites par les vitesses d'ordre deux $\ddot{u}$ et $\ddot{u}^0$ et donnent après soustraction :

$$E,_{uu}^c \left[v_2, \delta u \right] + E,_{uuu}^c \left[X, X, \delta u \right] + 2\lambda_1 \left\{ E,_{uuu}^c \left[u^{0\prime}, X, \delta u \right] + E,_{uu\lambda}^c \left[X, \delta u \right] \right\} = 0. \qquad (4.9)$$

Pour $\delta u = X$, cette équation implique que :

$$\lambda_1 = \frac{N_1}{D} \ \text{avec} \ N_1 = \frac{1}{2} E,_{uuu}^c \left[X, X, X \right], \qquad (4.10)$$

en admettant que le dénominateur n'est pas nul :

$$D = -(E,_{uuu}^c \left[u^{0\prime}, X, X \right] + E,_{uu\lambda}^c \left[X, X \right]) \neq 0. \qquad (4.11)$$

La signification de cette condition sera interprétée dans la suite.

On obtient ensuite v_2 par la résolution du système linéaire singulier mais compatible (4.9). La solution v_2 s'écrit $v_2 = V_2 + a_2 X$ où V_2 est une solution particulière et a_2 représente un coefficient arbitraire.

Le calcul se poursuit de la même manière. La dérivation des équations d'équilibre d'ordre $i-1$ conduit aux équations d'équilibre d'ordre i. La condition de compatibilité des équations linéaires obtenues donne l'expression de λ_{i-1}, puis v_i s'obtient par la résolution de ces équations et s'écrit sous la forme $v_i = V_i + a_i X$. Les vecteurs V_i sont des solutions particulières alors que les coefficients a_i sont arbitraires, $i = 2, 3 \dots$.

Par exemple, λ_2 a pour expression :

$$\lambda_2 = \frac{N_2}{D} \tag{4.12}$$

avec

$$
\begin{aligned}
N_2 &= \frac{1}{3} E^c_{,uuuu}[X, X, X, X] + E^c_{,uuu}[v_2, X, X] \\
&+ \lambda_1^2 \frac{d^2}{d\lambda^2} E^0_{,uu}[X, X] \\
&+ \lambda_1 \frac{d}{d\lambda} E^0_{,uuu}[X, X, X] \\
&+ \lambda_1 \frac{d}{d\lambda} E^0_{,uu}[v_2, X],
\end{aligned}
$$

où la notation $\frac{d}{d\lambda} E^0_{,}$ désigne la dérivée par rapport à λ de $E_,$ le long de la courbe triviale $\frac{d}{d\lambda} E_{,}(u^0(\lambda), \lambda)$.

Comme au chapitre précédent, on peut de nouveau imposer la condition $X \cdot v_i = 0$ pour définir v_i d'une manière unique pour $i = 2, 3, \dots$ et introduire le paramètre $\xi = v \cdot X$ et le développement :

$$
\begin{aligned}
\lambda &= \lambda_c + \lambda_1 \xi + \lambda_2 \frac{\xi^2}{2!} + \dots, \\
v &= X\xi + v_2 \frac{\xi^2}{2!} + \dots \ avec \ v_i \cdot X = 0.
\end{aligned}
\tag{4.13}
$$

La quantité D joue dans les expressions données de λ_1 et λ_2 un rôle essentiel. Notons d'abord que D s'écrit aussi :

$$D = -\frac{d}{d\lambda} E^0_{,uu}[X, X]. \tag{4.14}$$

Pour interpréter sa signification, examinons le comportement de la matrice $E_{,uu}(u^0(\lambda), \lambda)$ sur la courbe C^0. Comme tout varie continûment, elle admet une valeur propre μ associée à un vecteur propre Y :

$$\delta u \cdot E^0_{,uu} \cdot Y - \mu Y \cdot \delta u = 0 \tag{4.15}$$

avec $\mu(\lambda_c) = 0$ et $Y(\lambda_c) = X$.

Si l'on prend $\delta u = X$ puis on dérive le résultat obtenu par rapport à λ, on obtient pour $\lambda = \lambda_c$:

$$
\begin{aligned}
D &= -\frac{d}{d\lambda} E^0_{,uu}[X, X] \\
&= -\frac{d\mu}{d\lambda}(\lambda_c) X \cdot X.
\end{aligned}
\tag{4.16}
$$

A un coefficient multiplicatif positif près représentant la norme du mode de bifurcation , - D s'identifie à la pente de la courbe $\mu = \mu(\lambda)$ à la charge critique λ_c . Dans le plan $\mu \times \lambda$, lorsque cette courbe coupe transversalement l'axe $O\lambda$, D ne sera pas nul (**Hypothèse de travail H3 dite de transversalité**).

En conclusion, lorsque $D \neq 0$, on voit que la bifurcation est effective au point critique considéré et qu'il s'agit d'une bifurcation angulaire.

Si $D = 0$, il faut poursuivre l'analyse pour examiner la possibilité de bifurcation tangente.

Remarques

- Dans la pratique du calcul des structures, la situation courante est la suivante :

  Lorsque la charge appliquée λ croit à partir de 0, on dispose souvent d'une courbe triviale $u^0(\lambda)$ stable pour $0 \leq \lambda < \lambda_c$ et instable pour $\lambda > \lambda_c$. La valeur propre minimale de la matrice $E^0_{,uu}$ est positive au départ puis s'annule pour $\lambda = \lambda_c$ avec une pente non nulle, ce qui donne $D > 0$.

  La charge critique de flambage est $\lambda_E = \lambda_c$, appelée encore **charge critique d'Euler**.

- Pour des systèmes continus, lorsque u représente un élément d'un espace vectoriel de dimension infinie, muni d'un produit scalaire . quelconque, les formules précédentes sont encore valables.

- Il est intéressant de comparer les niveaux d'énergie associés aux branches triviale et bifurquée pour une même valeur de λ au voisinage du point critique λ_c.

  Il s'agit de déterminer le signe de la quantité ΔE :

$$\Delta E = E(u^0(\lambda) + v, \lambda) - E(u^0(\lambda), \lambda).$$

Le développement (4.13) conduit aux résultats suivants :

$$
\begin{aligned}
\Delta E &= -\frac{\xi^3}{6}\lambda_1 D + o(\xi^3) &&\text{si } \lambda_1 \neq 0 \\
&= -\frac{\xi^4}{6}\lambda_2 D + o(\xi^4) &&\text{si } \lambda_1 = 0 \text{ et } \lambda_2 \neq 0.
\end{aligned}
\tag{4.17}
$$

Comme $D > 0$, on constate que $\Delta E < 0$ lorsque $\lambda > \lambda_c$, la branche bifurquée correspond à un niveau d'énergie plus bas.

4.2.3   Echange de stabilité

Montrons que si la courbe bifurquée permet d'augmenter la charge λ, c'est à dire lorsque $\lambda_1 > 0$ ou lorsque $\lambda_1 = 0$ mais $\lambda_2 > 0$, il y a échange de stabilité au sens suivant :

Proposition

La (ou les) portion $\lambda > \lambda_c$ de la courbe bifurquée, lorsqu'elle existe, correspond à des équilibres stables alors que la même portion de la courbe triviale correspond à des équilibres instables.

En effet, d'après le critère de seconde variation, il suffit de suivre sur la courbe bifurquée la variation de la plus petite valeur propre de la matrice des dérivées secondes. Soit μ_ξ la plus petite propre de la matrice $E_{,uu}(u_\xi, \lambda_\xi)$, associée au vecteur propre X_ξ :

$$E_{,uu}^\xi X_\xi = \mu_\xi X_\xi.$$

En tenant compte des développements :

$$\mu_\xi = \mu_1 \xi + \mu_2 \frac{\xi^2}{2} + \dots , \quad X_\xi = X + X_1 \xi + \dots,$$

$$u_\xi = u^0(\lambda_\xi) + X\xi + v_2 \frac{\xi^2}{2} + \dots$$

lorsque $\lambda_1 > 0$, on obtient alors au premier ordre en multipliant scalairement par X l'équation précédente :

$$E_{,uuu}^c [\lambda_1 u^{0'} + X, X, X] + E_{,uu\lambda}^c [X, X]\lambda_1 = \mu_1 X.X.$$

Or d'après l'expression (4.10) de λ_1, le premier membre vaut exactement $\frac{1}{2} E_{,uuu}^c [X, X, X]$ et donne :

$$\mu_1 X.X = \frac{1}{2} E_{,uuu}^c [X, X, X] > 0$$

car $D > 0$ et $\lambda_1 > 0$ par hypothèse.

Le signe de μ_1 qui donne le sens de variation de μ montre que la seconde variation redevient strictement positive sur la courbe bifurquée.

On montre dans le même esprit quand $\lambda_1 = 0$ et $\lambda_2 > 0$ que $\mu_1 = 0$ et $\mu_2 > 0$ sur la branche bifurquée, d'où la stabilité des équilibres correspondants.

4.3   Exemples d'illustration

4.3.1   Flambage d'un système barres - ressorts

Reprenons le système conservatif composé de deux barres rigides et deux ressorts de rappel sous une charge verticale λ étudié au chapitre 1.

Dans ce cas le paramètre de déplacement u représente les angles (α, β), angles de rotation des barres par rapport à la verticale. L'énergie potentielle totale est :

$$E(u, \lambda) = \frac{1}{2} k\alpha^2 + \frac{1}{2} k(2\beta - \alpha) + \lambda L (\cos \alpha + \cos \beta).$$

Les équations d'équilibre s'écrivent :

$$\delta u \cdot E_{,u} = k\alpha\delta\alpha + k\left(\beta - \alpha\right)\left(\delta\beta - \delta\alpha\right) - \lambda L\left(\delta\alpha \sin\alpha + \delta\beta \sin\beta\right) = 0$$

et donnent en particulier la courbe d'équilibres triviaux $u^0 = (0,0)$.

Pour déterminer les points critiques de cette courbe, on suit la démarche générale :

En posant $X = (A, B)$, le problème au vecteur propre généralisé s'écrit :

$$\delta u \cdot E_{,uu}^{c} \cdot X = kA\delta\alpha + k\left(B - A\right)\left(\delta\beta - \delta\alpha\right) - \lambda L\left(\delta\alpha A + \delta\beta B\right) = 0$$

soit :

$$\left[\begin{array}{cc} 2k - \lambda L & -k \\ -k & k - \lambda L \end{array}\right]\left[\begin{array}{c} A \\ B \end{array}\right] = \left[\begin{array}{c} 0 \\ 0 \end{array}\right],$$

ce qui conduit à deux valeurs critiques :

$\lambda_{cm} = (3 - \sqrt{5})\frac{k}{2L}$ et $\lambda_{cM} = (3 + \sqrt{5})\frac{k}{2L}$.

La charge critique d'Euler est $\lambda_E = \lambda_{cm} = \left(3 - \sqrt{5}\right)\dfrac{k}{2L}$ et le mode de bifurcation associé est :

$$X = \left[\begin{array}{c} \dfrac{\sqrt{5} - 1}{2} \\ 1 \end{array}\right].$$

On obtient ensuite d'après les formules (4.10) et (4.12) :

$$\lambda_1 = 0 \ , \quad D = L(A^2 + B^2) \ , \quad N_2 = \lambda_E \frac{L}{3}(A^4 + B^4) \ , \quad \lambda_2 > 0.$$

On sait déjà d'après le chapitre 1 qu'un équilibre trivial est stable si $\lambda < \lambda_E$ et instable si $\lambda > \lambda_E$.

4.3.2   Flambage d'une tige flexible et inextensible

Une tige flexible mais inextensible, modélisée comme au chapitre 2 par l'angle $u(s) = (Ox, MT)$, $0 \leq s \leq L$, est articulée à ses extrémités et soumise à une force de compression $\lambda > 0$. L'extrémité O est fixe, l'extrémité A astreinte à se déplacer sans frottement sur l'axe Ox.

On souhaite étudier la réponse de la tige lorsque λ croit lentement à partir de zéro.

Il s'agit d'un système conservatif défini par les paramètres u et λ, u est une fonction définie sur $[0, L]$. L'énergie potentielle totale du système est :

$$E(u, \lambda) = \frac{1}{2}\int_0^L ku'^2(s)ds + \lambda\int_0^L \cos u(s)ds.$$

L'équilibre s'exprime par l'équation variationnelle :

$$E_{,u} \cdot \delta u = \int_0^L ku'(s)\delta u'(s)ds - \lambda\int_0^L \delta u(s)\sin u(s)ds = 0 \ \forall \ \delta u.$$

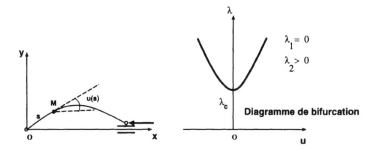

Figure 4.3: Tige flexible et inextensible

Il est clair que la position droite $u^0(s) = 0$, $\forall s$ est une position d'équilibre triviale et définit une courbe d'équilibres triviaux C^0 dans l'espace $\lambda \times u$.

Charge critique et mode

Pour étudier la bifurcation de cette courbe, déterminons d'abord ses points critiques en formulant le problème au vecteur propre généralisé (4.6). Il s'agit de déterminer X et λ_c tels que

$$E_{,uu}^c [X, \delta u] = 0 \ \forall \ \delta u.$$

Cette équation s'obtient en dérivant d'abord l'équation d'équilibre dans la direction X :

$$E_{,uu} [X, \delta u] = \int_0^L kX'(s)\delta u'(s)ds - \lambda \int_0^L X(s)\delta u(s)\cos u(s)ds = 0$$

puis en se plaçant sur la courbe triviale au point critique :

$$E_{,uu}^c [X, \delta u] = \int_0^L kX'(s)\delta u'(s)ds - \lambda_c \int_0^L X(s)\delta u(s)ds. = 0 \quad \forall \ \delta u.$$

Elle s'écrit après intégration par parties :

$$[kX'\delta u]_0^L - k \int_0^L X"\delta u ds - \lambda \int_0^L X\delta u ds = 0$$

ce qui implique que le mode X et la valeur critique λ_c doivent vérifier les équations locales :

$$\begin{aligned} kX'' + \lambda_c X \ &= 0 \qquad \text{pour} \qquad 0 < s < L \\ X'(s) \ &= 0 \qquad \text{pour} \qquad s = 0 \ \text{ et } \ s = L. \end{aligned}$$

Ces équations donnent :

$$X(s) = \cos \sqrt{\frac{\lambda_c}{k}} \, s \quad \text{avec} \quad \lambda_c = n^2\pi^2 \frac{k}{L^2}.$$

Le point de bifurcation est donné par la charge critique la plus basse :

$$\lambda_E = \pi^2 \frac{k}{L^2} \qquad \text{charge critique d'Euler.}$$

Analyse de bifurcation

A partir de l'expression précédente de $E_{,uu}\,[X, \delta u]$, on obtient :

$$
\begin{aligned}
E_{,uu\lambda}\,[X, \delta u] &= \int_0^L X \delta u \cos u\, ds, \\
E^c_{,uu\lambda}\,[X, X] &= \int_0^L X^2\,(s) ds &= \int_0^L \cos^2 \frac{\pi}{L} ds = \frac{L}{2}, \\
E_{,uuu}\,[X, X, \delta u] &= \lambda \int_0^L \delta u X^2 \sin u\, ds, \\
E^c_{,uuu}\,[X, X, X], &= 0
\end{aligned}
$$

ce qui donne $D = \frac{L}{2}$ et $\lambda_1 = 0$ d'après (4.10).
La formule donnant N_2 se réduit à :

$$\frac{1}{3} E^c_{,uuuu}\,[X, X, X, X] = \lambda_c \int_0^L X^4 ds = \frac{1}{8} \lambda_c L.$$

On obtient alors $\lambda_2 = \frac{1}{4}\lambda_c$.
Comme $\frac{\lambda}{\lambda_c} = 1 + \frac{1}{8}\xi^2 + ...$, la bifurcation est symétrique et stable.

Analyse de stabilité

La stabilité des équilibres triviaux s'obtient à partir de la seconde variation :

$$
\begin{aligned}
\delta^2 E &= E^0_{,uu}\,[\delta u, \delta u] \\
&= k \int_0^L \delta u'^2 ds - \lambda \int_0^L \delta u^2 ds.
\end{aligned}
$$

Soit $R(v)$ le quotient de Rayleigh associé au problème au vecteur propre généralisé précédent :

$$R(v) = \frac{A}{B} \quad \text{avec} \quad A = k \int_0^L v'^2 ds \quad et \quad B = \int_0^L v^2 ds.$$

On sait que la plus petite valeur propre λ_{cm} vérifie $R(v) \geq \lambda_{cm}$.
Comme $\delta^2 E = (R(\delta u) - \lambda) . \int_0^L \delta u^2 ds$, on en déduit que :

$$\delta^2 E > 0 \quad \text{si } \lambda < \lambda_{cm} \quad \text{i.e. équilibre stable.}$$

Si $\lambda > \lambda_{cm}$, comme $E_{,uu^0}\,[X, X] = (\lambda_{cm} - \lambda) \int_0^L X^2 ds < 0$,
l'équilibre trivial est instable.

Le lecteur peut consulter [88] pour une étude complète de la réponse de la tige en grand déplacement.

Etude directe à partir des équations locales

Il est intéressant de remarquer que l'analyse de bifurcation s'effectue très simplement à partir des équations locales caractérisant les équilibres. En effet, il suffit de répéter la démarche précédente étape par étape :

Les équations locales définissant l'équilibre de la tige sont :

$$ku'' + \lambda \sin u = 0 \quad \text{pour} \quad 0 < s < L \quad \text{(équation d'Euler)},$$
$$u(0) = u'(L) = 0 \quad \text{pour} \quad s = 0, \ s = L \quad \text{(conditions aux limites)}.$$

- on dérive ces équations pour obtenir les équations en vitesses $\dot{u} = \dfrac{du}{d\xi}$:

$$k\dot{u}'' + \dot{\lambda} \sin u + \lambda \cos u \dot{u} = 0 \quad \text{pour} \quad 0 < s < L,$$
$$\dot{u}(0) = \dot{u}'(L) = 0.$$

- on se place au point de bifurcation $(\lambda_c, u^0(\lambda_c))$. La différence des équations en vitesses écrites pour la branche triviale et la branche bifurquée donne, compte tenu de (4.13) :

$$kX'' + \lambda_c X = 0 \quad \text{pour} \quad 0 < s < L,$$
$$X(0) = X'(L) = 0$$

ce qui fournit $X(s)$ et λ_c.

- on dérive les équations en vitesses d'ordre 1 pour obtenir les équations en vitesses d'ordre 2 en notant $\ddot{u} = \dfrac{d^2 u}{d\xi^2}$:

$$k\ddot{u} + 2\dot{\lambda} \cos u \dot{u} + \ddot{\lambda} \sin u - \lambda \sin u \dot{u}^2 + \lambda \cos u \ddot{u} = 0 \quad \text{pour} \quad 0 < s < L,$$
$$\ddot{u}(0) = \ddot{u}'(L) = 0.$$

- on se place au point de bifurcation et on fait la différence des équations d'ordre 2 écrites pour la branche triviale et la branche bifurquée pour obtenir les équations locales définissant v_2:

$$kv_2'' + 2\lambda_1 X + \lambda_c v_2 = 0 \quad \text{pour} \quad 0 < s < L,$$
$$v_2(0) = v_2'(L) = 0$$

sachant que $v_2 \perp X$ au sens du produit scalaire :

$$\int_0^L v_2(s)X(s)ds = 0.$$

Multipliant la première équation par $X(s)$, on obtient après intégration sur $[0, L]$ et après diverses simplifications :

$$\lambda_1 \int_0^L X^2 ds = 0 \quad \text{soit} \quad \lambda_1 = 0.$$

Les équations définissant v_2 sont alors identiques à celles donnant X, il en résulte que $v_2 = 0$.

- dans le même esprit, les équations en vitesses d'ordre 3 conduisent aux équations locales définissant v_3 :

$$kv_3'' + 3\lambda_2 X - \lambda_c X^3 + \lambda_c v_3 = 0 \qquad \text{pour} \quad O < s < L,$$
$$v_3(0) = v_3'(L) = 0$$

avec $v_3 \perp X$.

La première équation donne après multiplication par X, après intégration sur $[0, L]$ et diverses simplifications :

$$3\lambda_2 \int_0^L X^2 ds - \lambda_c \int_O^L X^4 ds = 0,$$

soit la valeur précédente de λ_2.

4.3.3   Anneau inextensible sous pression externe

Un anneau circulaire de rayon R, flexible mais inextensible est soumis à l'action d'une pression externe uniforme p. On se propose d'étudier son flambage lorsque p augmente.

On peut exprimer le vecteur déplacement sous la forme :

$$\vec{Mm} = Rv(\theta)\mathbf{e}_\theta + Rw(\theta)\mathbf{e}_r$$

où $R\,v$ désigne le déplacement circonférentiel, $R\,w$ le déplacement radial d'un point matériel M de l'anneau, M vient en m après la déformation.

L'hypothèse d'inextensibilité se traduit par la relation :

$$0 = ds^2 - ds_0^2 = R^2 |(w'-v)\,\mathbf{e}_r + (1+w+v')\,\mathbf{e}_\theta|^2 \, d\theta^2 - R^2 d\theta^2$$

soit :

$$w + v' + \frac{1}{2}(w + v')^2 + \frac{1}{2}(w' - v)^2 = 0$$

ou encore $w = -v' + O(v^2)$.

L'énergie élastique emmagasinée est l'énergie de flexion, de densité linéique $\frac{1}{2}k\chi^2$ si k est la rigidité à la flexion et χ la variation de courbure de l'anneau.

Pour calculer χ, on peut remarquer que la courbe déformée de l'anneau a pour équation paramétrique :

$$
\begin{aligned}
x &= x(\theta) &= R(\cos\theta + w\cos\theta - v\sin\theta), \\
y &= y(\theta) &= R(\sin\theta + w\sin\theta + v\cos\theta),
\end{aligned}
$$

sa courbure est donc :

$$\rho = \frac{x'y'' - y'x''}{(x'^2 + y'^2)^{3/2}}$$

ce qui donne :

$$\chi = \rho - \frac{1}{R} = \frac{1}{R}(v' - w'')\left(1 + \frac{1}{2}(v - w')^2 + \ldots\right).$$

L'énergie potentielle des efforts de pression est dans notre cas pA où A désigne l'aire délimitée par l'anneau dans sa configuration actuelle.

Comme $A = \displaystyle\int_0^{2\pi} dA$ avec $dA = \dfrac{1}{2}(xdy - ydx)$ on obtient :

$$A = \pi R^2 + \frac{R^2}{2}\int_0^{2\pi}(2w + w^2 + v^2 - vw' + wv')d\theta.$$

Finalement, l'énergie potentielle totale du système est :

$$E(v, \lambda) = \frac{1}{2}\frac{k}{R}\left(\int_0^{2\pi}\left\{(v' + v''')^2 + \lambda\left(v'^2 - v''^2\right)\right\}d\theta + O\left(v^4\right)\right.$$

en notant $\lambda = \dfrac{R^3}{k}p$.

L'équilibre se traduit par l'équation :

$$0 = E_{,v}\,.\delta v = \frac{k}{R}\int_0^{2\pi}\left\{(v' + v''')(\delta v' + \delta v''') + \lambda(v'\delta v' - v''\delta v'')\right\}d\theta$$

sur l'ensemble des fonctions périodiques de période 2π ainsi que leur dérivées.

L'équation locale associée est :

$$v^{''''''} + 2v^{''''''} + v'' + \lambda\left(v^{''} + v^{''''}\right) = 0.$$

On vérifie que $v^0(\theta) = 0 \ \forall \ \lambda$ constitue une branche d'équilibres triviale.

Le mode et la charge critique de flambage sont donnés par :

$$E_{,vv}^c[X, \delta v] = \frac{k}{R}\int_O^{2\pi}\left\{(X' + X''')(\delta v' + \delta v''') + \lambda_c(X'\delta v' - X''\delta v'')\right\}d\theta = 0$$

soit la même équation locale :

$$X^{''''''} + 2X^{''''} + X'' + \lambda_c\left(X'' + X''''\right) = 0.$$

Comme un déplacement admissible quelconque s'écrit sous la forme d'un développement en série de Fourier, cherchons les modes X sous la forme :

$$X = \sum_n y_n \sin n\theta + z_n \cos n\theta,$$

où les composantes y_n et z_n sont à déterminer , avec $n = 2, 3, 4, \cdots$ La valeur $n = 1$ est exclue car le déplacement correspondant de l'anneau correspond à une translation pure, et représente encore l'équilibre trivial à un déplacement de corps rigide près.

L'équation variationnelle $E_{,vv}^c [X, \delta v] = 0 \ \forall \ \delta v$ conduit alors à un système à un nombre infini d'équations suivant, compte tenu du fait que les modes n se séparent dans l'intégration car tous les termes croisés donnent une contribution nulle :

$$\left(-n^6 + 2n^4 - n^2 + \lambda_c \left(-n^2 + n^4\right)\right) y_n = 0,$$
$$\left(-n^6 + 2n^4 - n^2 + \lambda_c \left(-n^2 + n^4\right)\right) z_n = 0, \qquad n = 2, 3, \ldots$$

On obtient alors comme charges critiques possibles $\lambda_c = \lambda_{cn}$ avec:

$$-n^6 + 2n^4 - n^2 + \lambda_{cn} \left(-n^2 + n^4\right) = 0$$

soit $\lambda_{cn} = n^2 - 1$, associés aux modes $X_{n_s} = \sin n\theta$ et $X_{n_c} = \cos n\theta$.

La combinaison de ces deux modes conduit à des directions possibles de flambage de la forme $\sin(n\theta + \phi)$ où la phase ϕ est quelconque. Ce résultat se comprend naturellement compte tenu de la symétrie de l'anneau et du chargement.

La première valeur critique est $\lambda_{c2} = 3$ et correspond à $n = 2$.

On conclut que l'anneau flambe en mode 2, à la pression critique $p_c = 3kR^{-3}$. L'absence des termes d'ordre 3 dans l'expression de l'énergie montre que $\lambda_1 = 0$, la bifurcation est symétrique.

Chapitre 5

Flambage élastique des structures usuelles

On étudie dans ce chapitre le flambage des structures élastiques usuelles telles que les poutres, les plaques, les solides tri-dimensionnels comme une application directe de la théorie exposée aux chapitres 1, 3 et 4 sur la stabilité et la bifurcation des systèmes conservatifs.

5.1 Solides en petite déformation - grande rotation

5.1.1 Cadre d'étude

On considère un solide occupant à l'état naturel un volume Ω . Sous l'action des actions extérieures, le solide se déforme et occupe une autre position.

Pour simplifier, on suppose que ces actions correspondent à des efforts de surface $T(\lambda)$ sur une portion S_T de la frontière de Ω et à des déplacements nuls imposés sur la partie complémentaire S_u.

En description lagrangienne, l'état naturel étant pris comme état de référence, une position d'équilibre du solide est caractérisée par le champ de déplacement u, le paramètre de charge λ fixe le niveau des efforts appliqués.

La déformation du solide est :

$$\epsilon_{ij} = \frac{1}{2}(u_{i,j} + u_{j,i}) + \frac{1}{2}u_{k,i}u_{k,j}. \tag{5.1}$$

Soit $w(\epsilon)$ la densité d'énergie élastique emmagasinée. Lorsque la déformation reste petite, on peut encore adopter une expression quadratique de l'énergie :

$$w(\epsilon) = \frac{1}{2}\epsilon \cdot L \cdot \epsilon \ \text{ avec } \ \sigma = w, \epsilon = L \cdot \epsilon \tag{5.2}$$

même si le déplacement n'est pas petit. Dans (5.2), σ désigne le tenseur de contrainte de Kirchhoff. Pour la suite, nous restons dans ce cadre bien connu des solides en petite déformation - grande rotation.

Pour simplifier les écritures, nous écrivons (5.1) sous la forme :

$$\epsilon = \ell(u) + \frac{1}{2}q(u, u) \tag{5.3}$$

où $\ell(u)$ désigne la partie linéaire, $\frac{1}{2}q(u, u)$ la partie quadratique de la déformation.

Le système considéré est conservatif, d'énergie potentielle totale :

$$E(u, \lambda) = \int_{\Omega} w(\epsilon)d\Omega - \int_{S_T} T(\lambda) \cdot u ds. \tag{5.4}$$

Il s'agit d'une fonctionnelle de degré 4 en u.

5.1.2   Analyse de bifurcation

Les équations d'équilibre s'écrivent :

$$E,_u \cdot \delta u = \int_{\Omega} \sigma \cdot (\ell(\delta u) + q(u, \delta u)) \ d\Omega - \int_{S_T} T(\lambda)\delta u \ ds = 0. \tag{5.5}$$

On obtient d'autre part :

$$\delta v \cdot E,_{uu} \cdot \delta u =$$

$$\int_{\Omega} (\ell(\delta v) + q(u, \delta v)) \cdot L \cdot (\ell(\delta u) + q(u, \delta u)) + \sigma q(\delta u, \delta v) \ d\Omega. \tag{5.6}$$

On se place comme au chapitre 4 sous les hypothèses H1, H2 pour analyser la bifurcation de la courbe d'équilibres C^0 d'équation $u = u^0(\lambda)$. Soit $\sigma^0(\lambda)$ la solution triviale en contrainte associée à u^0.

En un point critique de la courbe C^0, on a d'après (5.6) :

$$\delta u \cdot E,_{uu}^c \cdot X =$$

$$\int_{\Omega} \left\{ (\ell(\delta u) + q(u^c, \delta u)) \cdot L \cdot (\ell(X) + \alpha(u^c, X)) + \sigma^0(\lambda_c)q(\delta u, X) \right\} \ d\Omega = 0. \tag{5.7}$$

La résolution du problème au vecteur propre (5.7) donne la charge critique λ_c et le mode de bifurcation X.

D'autre part :

$$D = -\frac{d}{d\lambda}E,_{uu}^0 [X, X] =$$

$$-\int_{\Omega} [\sigma^{0'}q(X, X) + 2q(u^{0'}, X) \cdot L \cdot (\ell(X) + q(u, X)] \ d\Omega \ ,$$

$$E^c_{,uuu}[V, X, X] =$$

$$\int_\Omega 2(\ell(X) + q(u^{c,X})) \cdot L \cdot q(V, X) + (\ell(V) + q(V, u^c)) \cdot L \cdot q(X, X) \ d\Omega \quad ,$$

$$E^c_{,uuuu}[X, X, X, X] = \int_\Omega q(X, X) \cdot L \cdot q(X, X) \ d\Omega$$

ce qui conduit à des expressions relativement explicites de λ_1 et de $\lambda_2 \dots$.

Très souvent, l'**hypothèse de faibles pré-déformations H4** suivante est acceptable pour des chargements proportionnels :

$$T(\lambda) = \lambda T^0, \quad u^0(\lambda) \quad \text{négligeable devant } v,$$
$$\sigma^0(\lambda) = \lambda \Sigma^0. \tag{5.8}$$

Elle signifie que la réponse triviale est petite et linéaire par rapport à λ lorsque la charge $T(\lambda)$ est supposée linéaire.

Dans ces conditions, les formules approchées suivantes sont valables :

$$\lambda_E = \lambda_{cm} = \min_v \ -\frac{\int_\Omega \ell(v) \cdot L \cdot \ell(v) d\Omega}{\int_\Omega \Sigma^0 q(v, v) d\Omega},$$

$$N_1 = \frac{3}{2} \int_\Omega \ell(X) \cdot L \cdot q(X, X) d\Omega, \tag{5.9}$$

$$D = -\int_\Omega \Sigma^0 q(X, X) d\Omega \tag{5.10}$$

avec, lorsque $\lambda_1 = 0$:

$$N_2 = \int_\Omega \{2\ell(X) \cdot L \cdot q(X, V_2) + \ell(V_2) \cdot L \cdot q(X, X)\} d\Omega +$$

$$+ \ \frac{1}{3} \int_\Omega q(X, X) \cdot L \cdot q(X, X) d\Omega. \tag{5.11}$$

5.2   Etude des poutres

5.2.1   Poutre droite sous compression axiale

Soit une poutre droite de section constante A, de longueur L, soumise à l'action d'une force de compression $\lambda > 0$. Le problème considéré ici consiste à analyser le flambage de ce système par la théorie usuelle des poutres en supposant que le système se déplace seulement dans le plan xOy, Ox étant la fibre moyenne de la poutre. On rappelle que la fibre moyenne est la ligne matérielle passant par le centre de gravité des sections.

Il s'agit d'un solide particulier dont les dimensions transversales h sont faibles par rapport à L. Son mode de fonctionnement mécanique justifie les hypothèses simplificatrices suivantes :

- l'état de contrainte et de déformation en un point quelconque est unidimensionnel :

$$\sigma = \begin{bmatrix} \sigma & 0 & 0 \\ 0 & 0 & 0 \\ 0 & 0 & 0 \end{bmatrix},$$

$$\epsilon = \begin{bmatrix} \epsilon & 0 & 0 \\ 0 & 0 & 0 \\ 0 & 0 & 0 \end{bmatrix}. \tag{5.12}$$

- la loi de comportement s'écrit :

$$\sigma = E\epsilon, \quad E \quad \text{étant le module d'Young.} \tag{5.13}$$

- les sections normales restent normales à la fibre moyenne au cours de la déformation.

Cette hypothèse permet d'établir que :

$$\epsilon(x, y, z) = u' + \frac{1}{2} \ v'^2 - yv" + O(\kappa^3) \tag{5.14}$$

où κ désigne l'infiniment petit $\kappa = \frac{h}{L}$, en supposant que les déplacements longitudinal u et transversal v vérifient a priori $u \simeq O(\kappa^2)$ et $v = O(\kappa)$.

On sait que les expressions (5.12), (5.13) et (5.14) permettent après l'intégration dans les sections d'écrire l'énergie potentielle totale (5.4) du système sous la forme, en négligeant les termes $O(\kappa^6)$:

$$E(u, \lambda) = \int_0^L (\frac{1}{2} ES(u' + \frac{1}{2}v'^2)^2 + \frac{1}{2} EIw"^2) \ dx + \lambda u(L) \tag{5.15}$$

où S et I désignent respectivement l'aire et le moment d'inertie de la section :

$$S = \int_A \ dydz, \qquad I = \int_A y^2 \ dydz.$$

Pour des raisons physiques évidentes, on note :

$$N = \int_A \sigma \ dydz = ES(u' + \frac{1}{2}v'^2),$$

$$M = \int_A \sigma y \ dydz = EIv" \tag{5.16}$$

l'effort normal et le moment fléchissant à la section x.

L'équilibre s'écrit :

$$E_{,u} \cdot \delta u = \int_0^L ES(u' + \frac{1}{2}v'^2)(\delta u' + v'\delta v') + EIv"\delta v" \ dx + \lambda \delta u(L) = 0 \tag{5.17}$$

et conduit aux équations locales :

$$N' = 0, \quad M'' - (Nv')' = 0 \quad pour \quad 0 \leq x \leq L, \quad (5.18)$$
$$et \quad N(L) = -\lambda, \quad (M + Nv')' = 0 \quad et \quad M = 0 \quad pour \quad x = 0 \quad et \quad x = L,$$

la poutre étant supposée articulée aux extrémités : $u(0) = 0$, $v(0) = v(L) = 0$.

On peut remarquer que les formules du paragraphe précédent sont encore valables en posant par définition :

$$u = \begin{bmatrix} u \\ v \end{bmatrix}, \quad \sigma = \begin{bmatrix} N \\ M \end{bmatrix}, \quad \ell(u) = \begin{bmatrix} u' \\ v'' \end{bmatrix}, \quad q(u,u) = \begin{bmatrix} v'^2 \\ 0 \end{bmatrix}.$$

Il existe une réponse triviale :

$$u^0 = \begin{bmatrix} -\frac{\lambda}{ES}x \\ 0 \end{bmatrix}.$$

La dérivée de (5.17) dans la direction $X = [U, V]$ donne :

$$\int_0^L [ES(U' + V'v')(\delta u' + \delta v'v') + NV'\delta v' + EIV''\delta v''] \, dx = 0. \quad (5.19)$$

En un point critique de la courbe triviale, on a donc :

$$\int_0^L (ESU'\delta u' + EIV''\delta v'' - \lambda_c V'\delta v') \, dx = 0 \quad (5.20)$$

avec les conditions aux limites $U(0) = 0$, $V(0) = V(L) = 0$.

La résolution des équations (5.20) donne comme mode et charge critique de flambage :

$$U(x) = 0, \quad V(x) = \sin\frac{\pi}{L}x, \quad \lambda_E - EI\frac{\pi^2}{L^2}. \quad (5.21)$$

Le comportement post-critique de la poutre est donné par le calcul de λ_1, V_2 et λ_2, ...

On a d'après ce qui précède :

$$E_{,uuu}[X, X, \delta u] =$$

$$\int_0^L \left\{ ES(U' + V'v')V'\delta v' + ES(\delta u' + \delta v'v')V'^2 + ESv'V'^2\delta v' \right\} \, dx,$$

de sorte que $E^c_{,uuu}[X, X, X] = 0$. On a donc $\lambda_1 = 0$.

Comme

$$E^c_{,uuuu}[X, X, X, X] = \int_0^L 3ESV'^4 \, dx,$$

on doit calculer :

$$V_2 = \begin{bmatrix} u_2 \\ v_2 \end{bmatrix}$$

qui est donné par :

$$\int_0^L \left\{ ESu_2' \delta u' + EIv"_2 \delta v" - \lambda_c v_2' \delta v' \right\} \, dx \; +$$

$$\int_O^L \left\{ ESU'V' \delta v' + ES \delta u' V'^2 \right\} \, dx = 0 \qquad (5.22)$$

soit $u_2' = -V'^2$ et v_2 vérifie les mêmes équations que la composante V du mode. Il en résulte que :

$$u_2 = -(\frac{x}{2} + \frac{L}{4} \sin 2\pi \frac{x}{L}) \quad \text{et} \quad v_2 = 0 \qquad (5.23)$$

en tenant compte des conditions aux limites et de la relation d'orthogonalité $X \cdot V_2 = 0$.

Cette expression donne :

$$E_{,uuu}^c [X, X, V_2] = - \int_0^L ESV'^4 \, dx.$$

Comme

$$D = -\frac{d}{d\lambda} E_{,uu} [X, X] = \int_0^L V'^2 \, dx,$$

on obtient finalement $\lambda_2 = 0$!

Ce résultat n'est pas surprenant car on vérifie sans peine que la solution non triviale du problème est exactement :

$$\lambda = \lambda_E \;\;, \;\; u = -(\frac{x}{2} + \frac{L}{4} \sin 2\pi \frac{x}{L}) \frac{\xi^2}{2} \;\;, \;\; v = L \sin \pi \frac{x}{L} \xi \;. \qquad (5.24)$$

La courbe C est une droite horizontale dans le plan $\lambda \times v$!

5.2.2 Poutre droite sous contrôle déplacement

Reprenons le même problème en imposant maintenant le déplacement axial de l'extrémité :

$$u(L) = -\lambda L. \qquad (5.25)$$

L'énergie potentielle totale est maintenant :

$$E(u, \lambda) = \int_0^L \frac{1}{2} \left\{ ES(u + \frac{1}{2}v'^2)^2 + EIv"^2 \right\} \, dx. \qquad (5.26)$$

N étant constant, la relation (5.16) donne après intégration sur $[0, L]$:

$$NL = -ES\lambda L + \int_0^L \frac{v'^2}{2} \, dx$$

de sorte que

$$u' + \frac{1}{2}v'^2 = -\lambda + \frac{1}{L}\int_0^L \frac{v'^2}{2}\ dx.$$

On peut alors éliminer u complètement de l'expression de l'énergie :

$$E(v,\lambda) = \int_0^L \frac{1}{2}\left\{ ES(-\lambda + \frac{1}{L}\int_0^L \frac{v'^2}{2}\ d\zeta\ )^2 + EIv''^2 \right\}\ dx \qquad (5.27)$$

qui s'écrit aussi :

$$E(v,\lambda) = \frac{ESL}{2}(-\lambda + \frac{1}{L}\int_0^L \frac{v'^2}{2}\ dx)^2 + \int_0^L \frac{1}{2}EIv''^2\ dx.$$

Le calcul ne pose pas de difficulté et donne ensuite :

$$E_{,vv}^c\ [V, \delta v] =$$

$$\int_0^L (EIV''\delta v'' - ES\lambda_c V'\delta v')\ dx = 0.$$

On retrouve la valeur de la charge critique et du mode :

$$V = \sin\pi\frac{x}{L}, \quad \lambda_c = \frac{I}{S}(\frac{\pi}{L})^2$$

puis :

$$\lambda_1 = 0, \quad V_2 = 0, \quad \lambda_2 = (\frac{\pi}{2L})^2 > 0. \qquad (5.28)$$

Lorsque le déplacement est contrôlé , le flambage de cette poutre est symétrique et stable.

5.2.3 Flambage des rails de chemin de fer sous contraintes thermiques

On considère ici à titre d'exemple le problème de flambage des rails de chemin de fer sous les contraintes de compression dues à la dilatation thermique. Lorsque l'élévation de température est importante, ces contraintes peuvent être considérables (en absence de joints thermiques) et entrainer le flambage latéral des rails si la résistance de la fondation aux mouvements latéraux n'est pas suffisamment forte.

Considérons les équilibres d'un rail de longueur infinie, caractérisés par les déplacements horizontaux, $u(x)$ dans le sens longitudinal et $v(x)$ dans le sens tranversal, sous l'action de la température et des forces de rappels de la fondation. C'est une poutre de caractéristiques E, S, I. Soit T la variation de température par rapport à l'état naturel, α le coefficient de dilatation thermique, la loi de comportement thermoélastique est :

$$N = ES(u' + \frac{1}{2}v'^2 - \alpha T), \quad M = EIv".$$

Les efforts normaux N et les moments fléchissants M vérifient les équations d'équilibre :

$$N' = 0, \qquad M" - (Nv')' - r = 0$$

où r désigne la force de rappel horizontale, linéique de la fondation. Nous admettons que $r = -Kv$, K désigne un module de rigidité par rapport aux mouvements latéraux horizontaux.

L'hypothèse de longueur infinie conduit à admettre que u et v sont des fonctions périodiques, de période $2L$ qui reste à déterminer et constitue une inconnue du problème.

On rappelle qu'une fonction périodique de période $2L$ admet un développement en série de Fourier :

$$c + \sum_1^\infty s_n \ \sin n\pi \frac{x}{L} + c_n \ \cos n\pi \frac{x}{L}.$$

La réponse triviale correspond à $v^0 = 0$, $u^0(x) = 0$, $N^0 = -ES\alpha T$, la variation de température T étant le paramètre de contrôle λ du problème.

On peut utiliser directement les équations d'équilibre locales pour l'analyse de bifurcation comme il a été fait au chapitre 4.

Le développement asymptotique :

$$T = T_c + T_1\xi + T_2\frac{\xi^2}{2} + \ldots,$$
$$u = U\xi + u_2\frac{\xi^2}{2} + \ldots,$$
$$v = V\xi + v_2\frac{\xi^2}{2} + \ldots$$

s'obtient en formant les équations en vitesses d'ordre $1, 2, \ldots$ au point critique $T = T_c$.

Le mode de flambage $U(x)$, $V(x)$ vérifie alors les équations :

$$ES(U' + v^0V')' = ESU" = 0,$$
$$EIM_1" - N_0V" - r_1 = EIV"" + ES\alpha T_cV" + KV = 0.$$

La première équation implique que $U(x)$ doit être linéaire, $U(x) = ax + c$. La périodicité implique alors que $a = 0$. Il convient aussi d'éliminer la translation arbitraire en fixant le déplacement $u(0) = 0$ en un point du rail soit $c = O$. Il en résulte que $U(x) = 0$.

Le développement en série de Fourier :

$$V(x) = C + \sum_{1}^{\infty} S_n \, \sin n\pi \frac{x}{L} + C_n \, \cos n\pi \frac{x}{L}$$

donne alors $C = 0$ et :

$$\sum_{1}^{\infty} (EI(\frac{n\pi}{L})^4 - ES\alpha T_c(\frac{n\pi}{L})^2 + K)(S_n \sin \pi \frac{x}{L} + C_n \cos \pi \frac{x}{L}) = 0$$

pour tout x, ce qui implique, en multipliant cette équation par $\sin \, n\pi \frac{x}{L}$ (ou par $\cos \, n\pi \frac{x}{L}$) et après intégration sur une période $2L$ que :

$$(-ES\alpha T_c + EI(\frac{n\pi}{L})^2 + K(\frac{n\pi}{L})^{-2}) \, S_n \quad (ou \, \, C_n) = 0.$$

Il en résulte que $S_n = C_n = 0$, excepté les indices n tels que :

$$-ES\alpha T_c + EI(\frac{n\pi}{L})^2 + K(\frac{n\pi}{L})^{-2} = 0.$$

On en déduit la plus petite température critique :

$$T_c = \frac{1}{ES\alpha} \min_{\frac{n\pi}{L}} \quad (EI(\frac{n\pi}{L})^2 + K(\frac{n\pi}{L})^{-2})$$

soit $T_c = \frac{1}{ES\alpha} 2\pi^2 \frac{EI}{\ell^2}$ avec $\ell^4 = \frac{EI}{K}$ et $L = n \, \ell$.

Le mode de flambage est :

$$V(x) = S \sin \frac{\pi x}{\ell} + C \cos \frac{\pi x}{\ell} = A \sin(\frac{\pi x}{\ell} + \phi)$$

où A et ϕ désignent deux constantes arbitraires. Il s'agit d'un mode multiple compte tenu de la géométrie du problème.

Le mode de flambage correspond à une courbe sinusoidale de longueur d'onde 2ℓ .

Le problème en vitesses d'ordre 2 s'écrit :

$$ES(u_2' + v_1'^2)' = 0,$$
$$ESv_2'''' + ES\alpha T_c v_2'' + Kv_2 - 2ES\alpha T_1 v_1' = 0.$$

La deuxième équation conduit à $T_1 = 0$ et $v_2 = 0$. La première équation montre que $u_2' + v_1'^2 =$ une constante .

Le problème en vitesses d'ordre 3 donne en particulier :

$$ESv_3'''' + ES\alpha T_c v_3'' + Kv_3 - 2ES(u_2' + v_1'^2 - \alpha T_2)v_1'' = 0.$$

Cette équation implique que le facteur de v''_1 doit être nul et que $v_3 = 0$.

Il en résulte que $u_2' + v_1'^2 - \alpha T_2 = 0$. On obtient donc, en suivant la direction $V = \cos \frac{\pi x}{\ell}$:

$$u_2' = \alpha T_2 - (\frac{\pi}{\ell})^2 \cos^2 \frac{\pi x}{\ell}$$

soit

$$u_2 = (\alpha T_2 - \frac{1}{2}(\frac{\pi}{\ell})^2)x - \frac{\pi}{4\ell} \sin \frac{2\pi x}{\ell} + c.$$

Les conditions $u(0) = 0$ et de périodicité impliquent alors que :

$$\alpha T_2 = \frac{1}{2}(\frac{\pi}{\ell})^2 \quad et \quad c = 0 \tag{5.29}$$

soit le développement :

$$\alpha T = \alpha T_c + \frac{\pi^2}{4\ell^2} \xi^2 + \ldots,$$

$$v = \cos \frac{\pi x}{\ell} \xi + \ldots,$$

$$u = -\frac{\pi}{8\ell} \sin \frac{2\pi x}{\ell} \xi^2 + \ldots$$

On vérifie sans peine que ces premiers termes fournissent l'expression analytique exacte de la branche bifurquée c'est à dire que les termes additionnels sont identiquement nuls. Ainsi, lorsque T dépasse la température critique T_c , l'effort normal reste constante et égal à sa valeur critique N_c .

5.3   Plaques et coques

5.3.1   Généralités

Il s'agit de nouveau d'un cas particulier de solides en petite déformation - grande rotation. Les modèles usuels de coques élastiques peuvent être présentés de la manière suivante :

Soient $Om = \mathbf{m}(x^\alpha)$, $\alpha = 1,2$ les équations de la surface moyenne de la coque, (x^α) désigne un système de coordonnées curvilignes quelconques. On note $e_\alpha = \mathbf{m},_\alpha$ la base naturelle associée, g le tenseur métrique $g_{\alpha\beta} = e_\alpha \cdot e_\beta$ et les déplacements $u^\alpha e_\alpha + we_3$.

Le tenseur de déformation de la surface moyenne est :

$$e_{\alpha\beta} = \frac{1}{2}(u_{\alpha,\beta} + u_{\beta,\alpha}) + b_{\alpha\beta}w + \frac{1}{2}w,_\alpha w,_\beta \tag{5.30}$$

où $b_{\alpha\beta}$ désigne le tenseur de courbure. La dérivation est ici comprise au sens des dérivées covariantes.

Soit $\chi_{\alpha\beta}$ le tenseur de variation de courbure.

La loi de comportement élastique s'écrit :

$$M^{\alpha\beta} = K^{\alpha\beta\gamma\delta}\chi_{\gamma\delta} = \frac{Eh^3}{12(1-\nu^2)}\left[(1-\nu)\chi^{\alpha\beta} + \nu\chi_\gamma^\gamma g^{\alpha\beta}\right], \tag{5.31}$$

$$N^{\alpha\beta} = D^{\alpha\beta\gamma\delta}e_{\gamma\delta} = \frac{Eh}{1-\nu^2}\left[(1-\nu)e^{\alpha\beta} + \nu e_\gamma^\gamma g^{\alpha\beta}\right] \tag{5.32}$$

et découle de l'intégration dans l'épaisseur de la coque des lois tridimensionnelles (5.2) sous les hypothèses de contrainte plane et de la cinématique de Love-Kirchhoff concernant la rotation de la normale.

En particulier, pour une coque de faible courbure ou pour une plaque, la surface moyenne peut être décrite par une équation $z = z(x^1, x^2)$, on a $b_{\alpha\beta} = -z_{,\alpha\beta}$ et $\chi_{\alpha\beta} = -w_{,\alpha\beta}$.

L'énergie potentielle totale s'écrit :

$$E(u^\alpha, w, \lambda) = \int_S \frac{1}{2}(\chi \cdot K \cdot \chi + e \cdot D \cdot e)dS$$

$$- \int_{S_T} T(\lambda) \cdot u \ dS. \tag{5.33}$$

Les notations :

$$u = \begin{bmatrix} u^\alpha \\ w \end{bmatrix}, \quad \sigma = \begin{bmatrix} N \\ M \end{bmatrix}, \quad \epsilon = \begin{bmatrix} e \\ \chi \end{bmatrix}, \quad L = \begin{bmatrix} D & O \\ O & K \end{bmatrix} \tag{5.34}$$

et   :

$$\ell_{\alpha\beta} = \begin{bmatrix} \frac{1}{2}(u_{\alpha,\beta} + u_{\beta,\alpha}) + b_{\alpha\beta}w \\ -w_{,\alpha\beta} \end{bmatrix},$$

$$q_{\alpha\beta} = \begin{bmatrix} w_{,\alpha}w_{,\beta} \\ 0 \end{bmatrix}$$

permettent en principe de ramener le problème au cadre général du paragraphe 1.

Commentaires

Sauf pour des cas très simples, souvent il n'est pas possible de mener des calculs analytiques. Le recours au calcul numérique est presque systématique dans la plupart des applications.

5.3.2   Compression d'une éprouvette cruciforme

On étudie à titre d'exemple la réponse statique d'une éprouvette cruciforme sous l'action d'une contrainte de compression λ. Cette éprouvette est formée de quatre plaques minces, soudées suivant une arête commune comme l'indique la fig.(5.1).

L'étude de flambage de cette éprouvette revient en fait à l'étude de flambage d'une plaque simplement appuyée sur trois côtés.

On se propose de discuter la possibilité de flambage de l'éprouvette suivant un mode de torsion pure de la forme :

$$w(x,y) = y \ \phi(x) , \quad u(x,y) = v(x,y) = 0$$

$\phi(x)$ désignant une fonction quelconque telle que $\phi(0) = \phi(\ell) = 0$.

Les équations (5.33) conduisent à :

$$\int_{\Omega} \{\chi \cdot K \cdot \delta\chi - \lambda h \ w_{,1}\delta w_{,1}\} \ dxdy = 0$$

de sorte que le mode et la charge critique de flambage sont définis par l'équation variationnelle :

$$\int_0^\ell \int_0^b (2\chi_{12}K_{1212}\delta\chi_{12} + \chi_{11}K_{1111}\delta\chi_{11} - \lambda_c h \ y^2\phi'\delta\phi')dxdy = 0$$

avec :

$$\chi_{12} = -w_{,12} = -\phi' \quad , \quad \chi_{11} = -w_{,11} = -y\phi"$$

$$K_{1212} = \frac{Eh^3}{12(1+\nu)} = 2\mu\frac{h^3}{12}$$

$$K_{1111} = \frac{Eh^3}{12(1-\nu^2)}$$

ou encore :

$$\int_0^\ell \left\{ \frac{Eh^3}{12(1-\nu^2)}(2(1-\nu)\phi'\delta\phi' + \frac{b^3}{3}\phi"\delta\phi") - \lambda_c\frac{hb^3}{3}\phi'\delta\phi' \right\} dx = 0$$

ou par les équations locales :

$$\alpha_1\phi"" + \alpha_2\phi" = 0 \ , \quad \phi(0) = \phi(\ell) = \phi"(0) = \phi"(\ell) = 0$$

avec :

$$\alpha_1 = \frac{Eh^3}{12(1-\nu^2)}\frac{b^3}{3},$$

$$\alpha_2 = -\mu\frac{bh^3}{3} + \lambda_c\frac{hb^3}{3}.$$

On obtient donc :

$$\phi" = \sin\omega x \ \ avec \ \ \omega^2 = \frac{\alpha_2}{\alpha_1} \ \ et \ \ \omega^2\ell^2 = (n\pi)^2$$

soit

$$\lambda_{cn}\frac{hb^3}{3} - \mu\frac{bh^3}{3} = \frac{n^2\pi^2}{\ell^2}\alpha_1,$$

$$\lambda_{cn} = \mu(\frac{h}{b})^2 + n^2\frac{\pi^2 E}{12(1-\nu^2)} \ (\frac{h}{\ell})^2.$$

La première valeur propre correspond à $n = 1$.

L'éprouvette flambe en torsion suivant le mode défini par $\phi = \sin\pi\frac{x}{\ell}$, à la charge critique :

$$\lambda_c = \lambda_{c1} = \mu(\frac{h}{b})^2 + \frac{\pi^2 E}{12(1-\nu^2)} \ (\frac{h}{\ell})^2.$$

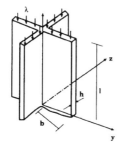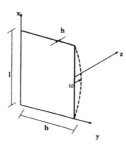

Figure 5.1: Eprouvette cruciforme sous compression axiale

Chapitre 6

Influence des imperfections

On étudie dans ce chapitre la sensibilité de la réponse statique d'un système conservatif par rapport aux caractéristiques du système. D'une façon plus précise, il s'agit de voir comment se modifient les courbes d'équilibres au voisinage d'un point de bifurcation lorsque la géométrie initiale du système est perturbée par la présence des imperfections géométriques .

6.1 Retour à l'exemple simple

Reprenons le système barre - ressort étudié aux chapitres 1 et 4.

Nous supposons cette fois que la barre est inclinée par rapport à la verticale d'un angle θ^* à l'état naturel sans charge appliquée. Sous la charge λ , elle présente une rotation **additionnelle** θ .

Le système considéré est toujours conservatif, d'énergie potentielle totale :

$$E\left(\theta, \theta^*, \lambda\right) = \frac{1}{2} k_1 \theta^2 + \frac{1}{3} k_2 \theta^3 + \frac{1}{4} k_3 \theta^4 + \lambda L \cos\left(\theta + \theta^*\right). \qquad (6.1)$$

L'équation d'équilibre $E_{,\theta} = 0$ donne la courbe d'équilibre C^* d'équation :

$$\lambda = \frac{k_1 \theta + k_2 \theta^2 + k_3 \theta^3}{L \sin\left(\theta + \theta^*\right)} \qquad (6.2)$$

dépendant d'un paramètre θ^* .

Cette courbe, cf. fig.(6.1) , admet dans certains cas un point limite maximum λ_m pour $\theta = \theta_m$ défini par :

$$\tan\left(\theta^* + \theta_m\right) = \frac{k_1 \theta_m + k_2 \theta_m^2 + k_3 \theta_m^3}{k_1 + 2k_2 \theta_m + 3k_3 \theta_m^2}. \qquad (6.3)$$

L'expression asymptotique de la courbe C^* lorsque θ^* est petit et lorsque $\theta \gg \theta^*$ s'obtient en développant (6.2) par rapport à l'infiniment petit $\frac{\theta^*}{\theta}$:

$$\frac{\lambda}{\lambda_c} = -\frac{\theta^*}{\theta} + \left(1 - \frac{k_2}{k_1}\theta^*\right) + \frac{k_2}{k_1}\theta + .. \qquad (6.4)$$

soit :

$$\frac{\lambda}{\lambda_c} = -\frac{\theta^*}{\theta} + 1 + \frac{\lambda_1}{\lambda_c}\theta + o(\theta). \qquad (6.5)$$

Dans le même esprit on obtient à partir de (6.3) ou de (6.5) :
si $\lambda_1 < 0$:

$$\frac{\lambda_m}{\lambda_c} = 1 - 2(\frac{-\lambda_1}{\lambda_c})^{\frac{1}{2}}(\theta^*)^{\frac{1}{2}}, \qquad (6.6)$$

$$\theta_m = (-\frac{\lambda_c}{\lambda_1}\theta^*)^{\frac{1}{2}} \qquad (6.7)$$

ou, si $\lambda_1 = 0$ et $\lambda_2 < 0$:

$$\frac{\lambda_m}{\lambda_c} = 1 - \frac{3}{2}(-\frac{\lambda_2}{\lambda_c})^{\frac{1}{3}}(\theta^*)^{\frac{2}{3}}, \qquad (6.8)$$

$$\theta_m = (-\frac{\lambda_c}{\lambda_2}\theta^*)^{\frac{1}{3}}. \qquad (6.9)$$

On remarque que l'introduction d'une petite imperfection θ^* au système a changé son comportement statique. Par rapport au système initial, dit système parfait, le système ainsi modifié par la présence de l'imperfection géométrique ne présente plus de point de bifurcation.

Sa réponse possède lorsque $\lambda_1 < 0$ ou lorsque $\lambda_1 = 0$ et $\lambda_2 < 0$ un point limite maximum défini approximativement par les formules (6.6) ou (6.8) qui expriment en outre une chute de la capacité portante du système . En effet, lorsque la charge λ croit à partir de 0, le point d'équilibre décrit la première portion de cette courbe jusqu'au point limite maximum.

Cet effet est donc dangereux pour les constructions et mérite une analyse plus détaillée pour un système mécanique quelconque.

6.2   Cas général

6.2.1   Cadre d'étude

Soit un système conservatif S dont la réponse statique a été analysée. Nous admettons pour simplifier que ce système, dit système parfait, admet une courbe d'équilibres triviaux C^0 d'équation $u^0(\lambda)$. Sa bifurcation au point critique λ_c est localement décrite par l'écart v possédant un développement asymptotique défini au chapitre 4 :

$$\lambda = \lambda_c + \lambda_1\xi + \lambda_2\frac{\xi^2}{2} + ... , \quad v = X\xi + v_2\frac{\xi^2}{2} + ..., \quad v_i . X = 0. \quad (6.10)$$

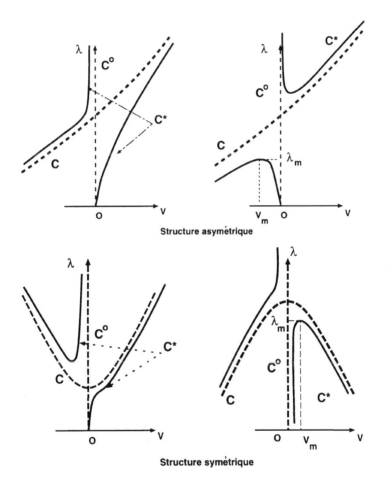

Figure 6.1: Courbes d'équilibres avec imperfections

Nous souhaitons comme dans l'exemple simple précédent étudier les modifications de son comportement lorsqu'une imperfection géométrique u^* est présente.

Soit $E\,(u, u^*, \lambda)$ l'énergie potentielle totale du système avec imperfection. Au système parfait correspond l'énergie $E\,(u, 0, \lambda)$.

Pour simplifier, on se restreint ici au cadre mécanique développé au chapitre 5, c'est à dire aux structures élastiques en grand déplacement - petite déformation sous chargement proportionnel.

Soit Ω la configuration de référence du système en description lagrangienne. La géométrie du système avec imperfection est décrite par le champ de déplacement u^*. Si u désigne le déplacement additionnel de ce système sous les charges appliquées, u + u^* est le déplacement par rapport à la configuration de référence, tandis que :

$$e = \epsilon\,(u + u^*) - \epsilon\,(u^*) \qquad (6.11)$$

est la déformation additionnelle par rapport à l'état naturel. L'énergie potentielle totale E s'écrit alors :

$$E\,(u, u^*, \lambda) = \int_{\Omega} w(e)d\Omega - \lambda \int_{S} T.uds \qquad (6.12)$$

avec les notations du chapitre 5 :

$$w(e) = \frac{1}{2}e.L.e \quad , \quad \sigma = L.e, \qquad (6.13)$$

$$\epsilon\,(u) = \ell(u) + \frac{1}{2}q(u,u). \qquad (6.14)$$

Comme au chapitre 5, l'hypothèse H4 de faibles pré-déformations conduit à négliger les termes $q\left(u^0, u^0\right)$ et à prendre :

$$u^0\,(\lambda) = \lambda U^0 \quad , \quad \sigma^0 = \lambda\Sigma^0. \qquad (6.15)$$

6.2.2   Courbe d'équilibres avec imperfection

Pour exprimer que l'imperfection est petite, on écrit u^* sous la forme :

$$u^* = \eta Y \qquad (6.16)$$

où Y désigne un champ de déplacement donné fixant son allure et η son amplitude considérée comme très petite.

Soit v^* l'écart entre u et $u^0\,(\lambda)$:

$$u = u^0\,(\lambda) + v^*. \qquad (6.17)$$

Le petit exemple précédent suggère un développement de la courbe C^* de la forme :

$$\lambda = \lambda^*_{-1}\frac{1}{\xi} + \lambda^*_o + \lambda^*_1\xi + \lambda^*_2\frac{\xi^2}{2!} + \dots \quad , \quad v^* = v^*_1\xi + v^*_2\frac{\xi^2}{2!} + \dots \qquad (6.18)$$

valable pour des faibles valeurs de ξ .

Dans (6.18), les coefficients λ^*_i et v^*_i dépendent éventuellement de $u^* = \eta Y$.

Pour les déterminer, on peut injecter la forme recherchée (6.18) dans les équations d'équilibre caractérisant C^* puis identifier les termes de différents ordres en ξ .

Les équations d'équilibres s'écrivent :

$$\delta u.E_{,u}\left(u,u^*,\lambda\right) = \int_\Omega \sigma.(\ell(\delta u) + q(u,\delta u) \quad + \quad q(u^*,\delta u))\ d\Omega \qquad (6.19)$$

$$-\lambda \int_S T.\delta u ds = 0.$$

En remplaçant σ et u par leur expression, on obtient :

$$\int_\Omega (\ell(v^*) + \frac{1}{2}q(v^*,v^*).L.(\ell(\delta u) + q(v^*,\delta u)) +$$

$$\lambda\Sigma^0 q(v^*,\delta u) + \eta\lambda\Sigma^0 q(Y,\delta) + \eta q(v^*,Y).L.(\ell(\delta u) \quad + q(v^*,\delta u))$$

$$+\eta q(Y,\delta u).L.(\ell(v^*) + \frac{1}{2}q(v^*,v^*))\ d\Omega = 0 \qquad (6.20)$$

en tenant compte de l'équilibre de la structure parfaite.

On remplace maintenant les expressions (6.18) dans (6.20).

On a alors au premier membre :

- Termes d'ordre -1 en ξ :

$$\int_\Omega \eta\lambda^*_{-1}\Sigma^0 q\left(Y,\delta u\right)d\Omega. \qquad (6.21)$$

- Termes d'ordre 0 en ξ :

$$\int_\Omega \left(\lambda^*_{-1}q\left(v^*_1,\delta u\right) + \eta\lambda^*_o q\left(Y,\delta u\right)\right)\ d\Omega. \qquad (6.22)$$

- Termes d'ordre 1 en ξ :

$$\int_\Omega (\ell(v^*_1).L.\ell(\delta u) + \lambda^*_o\Sigma^0 q(v^*_1,\delta u))\ d\Omega. \qquad (6.23)$$

- Termes d'ordre 2 en ξ :

$$\int_\Omega \frac{1}{2}\ell(v^*_2).L.\ell(\delta u) \quad +$$

$$\frac{1}{2}\lambda^*_o\Sigma^0 q(v^*_2,\delta) + \frac{1}{2}q(v^*_1,v^*_1).L.\ell(\delta u) \quad +$$

$$\ell(v^*_1).L.q(v^*_1,\delta u) + \lambda^*_1\Sigma^0 q(v^*_1,\delta u)\ d\Omega. \qquad (6.24)$$

En annulant les termes d'ordre 1 , les équations (6.23) montrent que :

$$v_1^* = X \quad et \quad \lambda_o^* = \lambda_c \qquad (6.25)$$

compte tenu des résultats du chapitre 5.

En annulant les termes d'ordre 2 , les équations (6.24) donnent alors avec $\delta \, u = X$:

$$\lambda_1^* = -\frac{3}{2}\frac{\int_\Omega q\,(X,X)\,.L.\ell\,(X)\,d\Omega}{\int_\Omega \Sigma^0 q\,(X,X)\,d\Omega} = \lambda_1 \qquad (6.26)$$

puis :

$$v_2^* = v_2.$$

L'expression (6.22) s'annule en particulier si :

$$Y = X \quad et \quad \lambda_{-1}^* = -\eta\lambda_c. \qquad (6.27)$$

Compte tenu de ce dernier résultat, l'expression (16) représente en réalité un terme d'ordre $\frac{\eta^2}{\xi}$.

Si l'on exige en plus que le domaine de validité de ξ doit être tel que :

$$\eta^2 = o\left(\xi^3\right) \quad \text{c'est à dire} \quad \xi \gg \eta^{\frac{2}{3}}, \qquad (6.28)$$

l'expression (6.21) représente en réalité un terme $o\left(\xi^2\right)$.

Le développement (6.17) est alors valable sous les conditions (6.25), (6.26), (6.27), (6.28).

Finalement, on obtient :

$$\frac{\lambda}{\lambda_c} = -\frac{\eta}{\xi} + 1 + \frac{\lambda_1}{\lambda_c}\xi + .. \quad , \quad v^* = X\xi + .. \qquad (6.29)$$

Pour $\xi > 0,$ la formule (6.29) définit un point limite maximum de coordonnées (λ_m, ξ_m) donné par :

- quand $\lambda_1 < 0$:

$$\frac{\lambda_m}{\lambda_c} = 1 - 2(\frac{-\lambda_1}{\lambda_c})^{\frac{1}{2}} \eta^{\frac{1}{2}} \quad , \quad \xi_m = (-\frac{\lambda_c}{\lambda_1})^{\frac{1}{2}}\eta^{\frac{1}{2}}. \qquad (6.30)$$

- quand $\lambda_1 = 0$ et $\lambda_2 < 0$:

$$\frac{\lambda_m}{\lambda_c} = 1 - \frac{3}{2}(\frac{-\lambda_2}{\lambda_c})^{\frac{1}{3}} \eta^{\frac{2}{3}} \quad , \quad \xi_m = (-\frac{\lambda_c}{\lambda_2})^{\frac{1}{3}}\eta^{\frac{1}{3}}. \qquad (6.31)$$

Dans les deux cas on a $\xi_m \gg \eta^{\frac{2}{3}}$, ce point limite se situe bien dans le domaine de validité du développement (6.29).

L'autre portion de cette courbe, obtenue quand $\xi < 0$, n'est pas intéressante lorsque la charge croit à partir de zéro car elle est inaccessible d'une façon naturelle, sauf si on cherche à se placer exprès sur cette courbe par des contrôles additionnels de déplacement.

6.2.3   Remarques générales

A noter que :

- On peut généraliser ces résultats à des systèmes conservatifs quelconques en suivant par exemple la méthode de Liapounov-Schmidt présentée à la fin du chapitre 3.

- On a vu qu'une imperfection modale "efface" une bifurcation pour la remplacer par une réponse plus régulière. On peut de cette manière affirmer qu'une bifurcation est un phénomène rare, exceptionnel, un accident de la nature ou une "catastrophe" au sens de R. Thom [85]. La **théorie des catastrophes** est un prolongement de cette idée et présente une classification systématique des possibilités de comportement exceptionnel pour les systèmes conservatifs quelconques en fonction du nombre des paramètres de contrôle λ, η, ...

- Une structure réelle présente toujours des imperfections par rapport à sa conception initiale. Ce sont par exemple des défauts d'ordre géométrique ou métallurgique ou tout simplement des incertitudes sur le matériau. Il est donc indispensable pour son dimensionnement de prévoir l'abaissement de la charge critique λ_c par des formules telles que (6.30), (6.31) qui ont été établies pour des structures asymétriques ($\lambda_1 \neq 0$) ou symétriques mais non stables ($\lambda_1 = 0, \lambda_2 < 0$). Ce sont des **structures sensibles aux imperfections**.

Chapitre 7

Bifurcation en mode multiple

On étudie dans ce chapitre la bifurcation en mode multiple en se limitant à un exemple simple.

7.1 Un exemple de bifurcation en mode multiple

Soit un cadre triangulaire formé de trois barres articulées identiques cf. fig.(7.1), de comportement élastique défini par la relation force-allongement

$$F_i = K\left(\ell_i - \ell_0\right) \quad , \quad i = 1, 2, 3 \tag{7.1}$$

où ℓ_0 est la longueur à l'état initial. Le cadre est soumis à une pression uniforme externe si $\lambda > 0$, interne si $\lambda < 0$.

L'énergie potentielle totale $E\left(\ell_1, \ell_2, \ell_3, \lambda\right)$ s'exprime en fonction de la longueur des cotés sous la forme

$$E\left(\ell_1, \ell_2, \ell_3, \lambda\right) = \frac{1}{2} \sum_{i=1}^{3} K\left(\ell_i - \ell_0\right)^2 + \lambda \Delta S. \tag{7.2}$$

où ΔS est la variation d'aire du triangle.

$$\Delta S = S - S_0 \quad , \quad S^2 = D A_1 A_2 A_3 \quad , \quad D = \frac{1}{2}\left(\ell_1 + \ell_2 + \ell_3\right) \quad , \quad A_i = D - \ell_i. \tag{7.3}$$

Ainsi $\Delta S =$

$$\frac{1}{4}\sqrt{\left(\ell_1 + \ell_2 + \ell_3\right)\left(\ell_2 + \ell_3 - \ell_1\right)\left(\ell_1 + \ell_3 - \ell_2\right)\left(\ell_1 + \ell_2 - \ell_3\right)} - \frac{\sqrt{3}}{4}\ell_0^2.$$

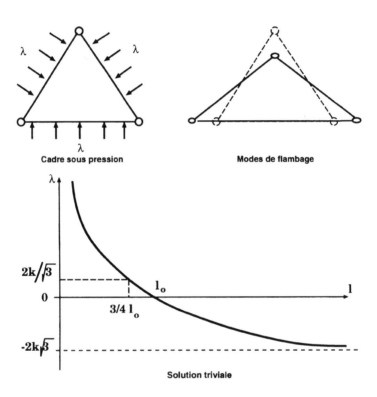

Figure 7.1: Flambage d'un cadre triangulaire

Solution triviale

D'une façon intuitive, une solution triviale existe et correspond à

$$\ell_1 = \ell_2 = \ell_3 = \ell \quad pour \quad tout \quad \lambda. \tag{7.4}$$

Elle s'obtient à partir de l'équation $E_{,\ell} = 0$:

$$K\left(\ell - \ell_0\right) + \frac{\lambda}{2\sqrt{3}}\ell = 0. \tag{7.5}$$

La branche d'équilibres triviale est

$$\ell = \frac{k\ell_0}{k + \lambda} \quad , \quad k = 2\sqrt{3}K. \tag{7.6}$$

Charge critique et modes

La matrice des dérivées secondes $\frac{\partial^2 E}{\partial \ell_i \partial \ell_j}\left(\ell, \ell, \ell, \lambda\right)$ s'écrit

$$\begin{bmatrix} K - \frac{5\sqrt{3}}{18}\lambda & \frac{2\sqrt{3}}{9}\lambda & \frac{2\sqrt{3}}{9}\lambda \\ \frac{2\sqrt{3}}{9}\lambda & K - \frac{5\sqrt{3}}{18}\lambda & \frac{2\sqrt{3}}{9}\lambda \\ \frac{2\sqrt{3}}{9}\lambda & \frac{2\sqrt{3}}{9}\lambda & K - \frac{5\sqrt{3}}{18}\lambda \end{bmatrix}. \tag{7.7}$$

Les valeurs critiques sont

$$\lambda_1 = \lambda_2 = \frac{2\sqrt{3}}{3}K \quad et \quad \lambda_3 = -2\sqrt{3}K. \tag{7.8}$$

La charge critique λ_3 correspond à une extension infinie, uniforme du système sous l'action d'une pression interne limite. C'est l'asymptote de la solution triviale comme le montre la fig.(7.1) .

La charge critique $\lambda_c = \frac{2\sqrt{3}}{3}$ K est multiple d'ordre 2 .

Les modes associés X vérifient l'équation

$$X_1 + X_2 + X_3 = 0. \tag{7.9}$$

Ce sont par exemple les vecteurs :

$$X_1 = \left(0, \frac{\sqrt{2}}{2}, -\frac{\sqrt{2}}{2}\right) \quad , \quad X_2 = \left(-\frac{\sqrt{6}}{3}, \frac{\sqrt{6}}{6}, \frac{\sqrt{6}}{6}\right). \tag{7.10}$$

Branches bifurquées

Au voisinage du point de bifurcation λ_c, on cherche les branches bifurquées sous la forme

$$\begin{bmatrix} \ell_1 \\ \ell_2 \\ \ell_3 \end{bmatrix} = \begin{bmatrix} \ell^0(\lambda) \\ \ell^0(\lambda) \\ \ell^0(\lambda) \end{bmatrix} + \begin{bmatrix} \ell_{11} \\ \ell_{12} \\ \ell_{13} \end{bmatrix} \tau + \begin{bmatrix} \ell_{21} \\ \ell_{22} \\ \ell_{23} \end{bmatrix} \frac{\tau^2}{2} + \cdots,$$

$$\lambda = \lambda_c + \lambda_1 \tau + \lambda_2 \frac{\tau^2}{2} + \cdots$$

Les équations d'équilibres $E_{,\ell_i} = 0$ et leur dérivées pour $\tau = 0$ donnent :
- Ordre 1
On doit résoudre

$$\begin{bmatrix} K - \frac{5\sqrt{3}}{18}\lambda & \frac{2\sqrt{3}}{9}\lambda & \frac{2\sqrt{3}}{9}\lambda \\ \frac{2\sqrt{3}}{9}\lambda & K - \frac{5\sqrt{3}}{18}\lambda & \frac{2\sqrt{3}}{9}\lambda \\ \frac{2\sqrt{3}}{9}\lambda & \frac{2\sqrt{3}}{9}\lambda & K - \frac{5\sqrt{3}}{18}\lambda \end{bmatrix} \begin{bmatrix} \ell_{11} \\ \ell_{12} \\ \ell_{13} \end{bmatrix} = 0 \qquad (7.11)$$

ce qui montre que la solution au premier ordre appartient à l'espace propre associé à λ_c. Ainsi

$$L_1 = (\ell_{11}, \ell_{12}, \ell_{13}) = \alpha_1 X_1 + \alpha_2 X_2 \ , \quad \ell_{11} + \ell_{12} + \ell_{13} = 0. \qquad (7.12)$$

- Ordre 2
On doit résoudre

$$\begin{bmatrix} K - \frac{5\sqrt{3}}{18}\lambda & \frac{2\sqrt{3}}{9}\lambda & \frac{2\sqrt{3}}{9}\lambda \\ \frac{2\sqrt{3}}{9}\lambda & K - \frac{5\sqrt{3}}{18}\lambda & \frac{2\sqrt{3}}{9}\lambda \\ \frac{2\sqrt{3}}{9}\lambda & \frac{2\sqrt{3}}{9}\lambda & K - \frac{5\sqrt{3}}{18}\lambda \end{bmatrix} \begin{bmatrix} \ell_{11} \\ \ell_{12} \\ \ell_{13} \end{bmatrix} =$$

$$\lambda_1 \frac{\sqrt{3}}{3} \begin{bmatrix} 1 & -2 & -2 \\ -2 & 1 & -2 \\ -2 & -2 & 1 \end{bmatrix} \begin{bmatrix} \ell_{11} \\ \ell_{12} \\ \ell_{13} \end{bmatrix} +$$

$$\frac{32}{27}\frac{K}{\ell_0} \begin{bmatrix} 2 & -1 & -1 \\ -1 & 2 & -1 \\ -1 & -1 & 2 \end{bmatrix} \begin{bmatrix} \ell_{11}^2 + \frac{1}{2}\ell_{12}\ell_{13} \\ \ell_{12}^2 + \frac{1}{2}\ell_{13}\ell_{11} \\ \ell_{13}^2 + \frac{1}{2}\ell_{11}\ell_{12} \end{bmatrix}.$$

Ce système n'admet de solution non nulle que si le second membre est orthogonal à l'espace propre engendré par X_1 et X_2.

On obtient ainsi le système d'équations

$$\frac{16\sqrt{2}}{9}\frac{K}{\ell_0}\alpha_1\alpha_2 + \lambda_1\alpha_1 = 0 \ , \quad \frac{8\sqrt{2}}{9}\frac{K}{\ell_0}\left(\alpha_1^2 - \alpha_2^2\right) + \lambda_1\alpha_2 = 0 \qquad (7.13)$$

dont les solutions déterminent les branches bifurquées admissibles.

Elles sont au nombre de trois :

$$\alpha_1 = 0, \qquad \alpha_2 = \frac{9}{8\sqrt{2}} \frac{\ell_0}{K} \lambda_1, \tag{7.14}$$

$$\alpha_1 = \frac{9\sqrt{3}}{16\sqrt{2}} \frac{\ell_0}{K} \lambda_1, \quad \alpha_2 = -\frac{9\sqrt{2}}{32} \frac{\ell_0}{K} \lambda_1, \tag{7.15}$$

$$\alpha_1 = -\frac{9\sqrt{3}}{16\sqrt{2}} \frac{\ell_0}{K} \lambda_1, \quad \alpha_2 = -\frac{9\sqrt{2}}{32} \frac{\ell_0}{K} \lambda_1. \tag{7.16}$$

Une condition de normalisation est nécessaire pour calculer λ_1 . Par exemple, la relation

$$\alpha_1^2 + \alpha_2^2 = 1 \tag{7.17}$$

conduit à

$$\lambda_1 = -\frac{8\sqrt{2}}{9} \frac{K}{\ell_0} \tag{7.18}$$

associé aux trois directions

$$\alpha_1 = 0 \ , \ \alpha_2 = -1 \ , \ L_1 = \frac{\sqrt{6}}{3} \left(1, -\frac{1}{2}, -\frac{1}{2} \right), \tag{7.19}$$

$$\alpha_1 = \frac{\sqrt{3}}{2} \ , \ \alpha_2 = \frac{1}{2} \ , \ L_2 = \frac{\sqrt{6}}{3} \left(-\frac{1}{2}, 1, -\frac{1}{2} \right), \tag{7.20}$$

$$\alpha_1 = -\frac{\sqrt{3}}{2} \ , \ \alpha_2 = \frac{1}{2} \ , \ L_3 = \frac{\sqrt{6}}{3} \left(-\frac{1}{2}, -\frac{1}{2}, 1 \right). \tag{7.21}$$

On peut noter que les directions obtenues sont globalement inextensibles et que le système bifurque d'une façon asymétrique.

7.2   Remarques générales

On démontre d'une manière générale que si m est l'ordre de multiplicité du mode de flambage, un point critique de bifurcation admet 2^m branches d'équilibres dans le cas asymétrique, c'est à dire lorsque le développement de l'énergie possède des termes d'ordre 3 .

Dans l'exemple considéré ici, m = 2 et on a mis en évidence quatre branches passant par le même point critique, une branche triviale et trois branches bifurquées.

Mais si l'énergie ne possède pas de terme d'ordre 3, le nombre de branches est plus important. En particulier, dans l'exemple de l'anneau sous pression du chapitre 4, on peut prévoir que le nombre de branches sera beaucoup plus grand, compte tenu de la symétrie du problème.

Exercice : Bifurcation en mode multiple d'une plaque rigide

Cet exemple est dû à Triantafyllidis :

Une plaque rigide, carrée ABCD de dimension $2\ell \times 2\ell$ est soudée perpendiculairement en son centre O à une tige rigide OG de longueur L (cf.fig.(7.2)). Le point O est astreint à se déplacer verticalement d'une quantité u alors que la structure peut pivoter autour des axes Ox et Oy suivant les angles θ et ϕ, supposés petits. Quatre ressorts identiques, de comportement force - allongement $f = -Rd$, sont attachés aux points ABCD. Au point G, deux ressorts non linéaires sont attachés respectivement dans les directions x et y avec comme lois de comportement :

$$F_x = -\left(kd_x + m\left(d_x^2 + d_y^2\right)\right) \quad , \quad F_y = -\left(kd_y + 2md_xd_y\right). \tag{7.22}$$

On souhaite étudier la réponse statique du système sous l'action d'une force verticale descendante λ appliquée au point G.

1.- Montrer que le système est conservatif avec énergie potentielle totale :

$$E\left(u,\theta,\phi,\lambda\right) = 2R\left(u^2 + \ell^2\left(\theta^2 + \phi^2\right)\right) \; +$$

$$\frac{kL^2}{2}\left(\theta^2 + \phi^2\right) + \frac{mL^3}{3}\left(3\theta^2\phi + \phi^3\right) - \lambda\left(u + \frac{L}{2}\left(\theta^2 + \phi^2\right)\right) + o(\theta^3) + o(\phi^3).$$

2.- On néglige dans la suite du problème les termes d'ordre supérieur à 3 dans l'expression de l'énergie. Donner les équations caractérisant les équilibres du système. Justifier la réponse triviale :

$$C_0 \quad : \quad u^0\left(\lambda\right) = \frac{\lambda}{4R} \quad , \quad \theta^0\left(\lambda\right) = 0 \quad , \quad \phi^0\left(\lambda\right) = 0. \tag{7.23}$$

3.- Etudier la stabilité des positions d'équilibre trivial. Déterminer la charge et les modes de flambage.

4.- Justifier les branches non triviales suivantes :

$$u\left(\lambda\right) = \frac{\lambda}{4R} \quad , \quad \theta\left(\lambda\right) = 0 \quad , \quad \phi\left(\lambda\right) = \left(\lambda - \lambda_c\right)\frac{1}{mL^2}, \tag{7.24}$$

$$u\left(\lambda\right) = \frac{\lambda}{4R} \quad , \quad \theta\left(\lambda\right) = \phi\left(\lambda\right) = \left(\lambda - \lambda_c\right)\frac{1}{2mL^2}, \tag{7.25}$$

$$u\left(\lambda\right) = \frac{\lambda}{4R} \quad , \quad \theta\left(\lambda\right) = -\phi\left(\lambda\right) = -\left(\lambda - \lambda_c\right)\frac{1}{2mL^2}. \tag{7.26}$$

5.- Discuter la stabilité des branches non triviales.

6.- Calculer les niveaux d'énergie potentielle totale associés aux différents équilibres obtenus à la même charge λ proche de λ_c. Quelle est la branche de plus bas niveau d'énergie ?

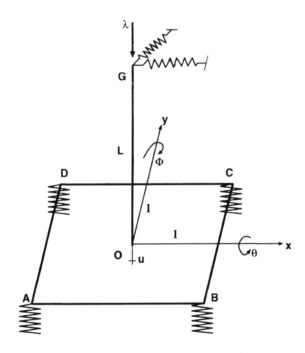

Figure 7.2: Plaque carrée rigide

Chapitre 8

Stabilité sous liaisons parfaites

On revient dans ce chapitre à l'étude générale de stabilité de l'équilibre d'un système conservatif quelconque en présence de liaisons parfaites, bilatérales ou unilatérales. L'introduction des multiplicateurs de Lagrange et du lagrangien L permet d'abord d'exprimer l'équilibre du système. La stabilité d'une position d'équilibre est donnée par la condition de minimum local de l'énergie potentielle totale relative aux efforts donnés, ou encore par le critère de seconde variation du lagrangien.

8.1 Liaisons parfaites

8.1.1 Un exemple simple

Considérons d'abord l'équilibre sous l'action de la pesanteur d'un point matériel de masse m, de coordonnées (x_1, x_2, x_3), astreint à se déplacer librement sur une surface support d'équation

$$h(x_1, x_2, x_3) = x_3 - z(x_1, x_2) = 0.$$

Pour réaliser une telle situation, on peut penser au cas d'une bille de rayon r, se déplaçant sans frottement à l'intérieur d'une fente de largeur $d = 2r$, constituée par deux surfaces matérielles parallèles à une surface moyenne d'équation $h(x_1, x_2, x_3) = 0$.

La bille subit l'action de la pesanteur et la réaction des surfaces servant de support. En absence de frottement, cette réaction est une force normale au support et s'écrit donc sous la forme :

$$R_i = \mu \frac{\partial h}{\partial x_i}, \qquad \text{ou} \qquad R = \mu\, h_{,x}$$

où le vecteur $h_{,x}$ fixe une direction de la normale et le coefficient μ désigne un nombre de signe quelconque, définissant le module et le sens de la force de réaction.

L'équilibre statique de la bille se traduit par l'équilibre des forces :

$$\mu h_{,x_1} = 0 \quad , \quad \mu h_{,x_2} = 0 \quad , \quad -mg + \mu h_{,x_3} = 0.$$

Les positions d'équilibre possibles du système sont donc caractérisées par :

$$h_{,x_1} = 0 \quad , \quad h_{,x_2} = 0 \text{ et } \mu = \frac{mg}{h_{,x_3}}.$$

Ce sont donc des bosses ou des creux de la surface support.

D'une façon intuitive, un tel équilibre est stable s'il s'agit d'un creux, i.e. un minimum local de la surface considérée.

Noter que la réaction du support ne travaille pas. Dans une vitesse réelle $\dot{x}$ ou virtuelle δx mais compatible avec la liaison c'est à dire vérifiant :

$$\delta x \cdot h_{,x} = 0,$$

la puissance de cette force est toujours nulle car $\delta x \cdot \mu h_{,x} = 0$.

La contribution de la pesanteur à l'énergie potentielle du système est :

$$E_d(x) = mgx_3.$$

Introduisons le lagrangien associé $L(x, \mu)$ défini par :

$$L(x) = E_d(x) - \mu h(x)$$

Les équations d'équilibre statique précédentes s'écrivent aussi sous la forme :

$$L_{,x} = 0$$

Si la liaison imposée est unilatérale au sens suivant :

$$h(x) = x_3 - z(x_1, x_2) \geq 0,$$

la situation rencontrée est celle de la même bille pesante se déplaçant dans la région de l'espace limitée par une seule surface matérielle d'équation $x_3 = z(x_1, x_2)$.

Si le contact est sans frottement, R admet encore l'expression précédente avec en plus la condition :

$$\mu \geq 0 \text{ et } \mu h = 0$$

imposée par la physique de contact.

8.1.2   Liaisons parfaites bilatérales

D'une façon plus générale, soit un système mécanique défini par des paramètres de déplacement $u = (u^i), i = 1, I$ non nécessairement indépendants car liés par une condition de liaison bilatérale :

$$h(u) = 0. \tag{8.1}$$

Une liaison met toujours en jeu des efforts de nature diverse appelés globalement efforts de liaison ou réactions. Ces efforts dépendent de la réalisation physique de la liaison considérée et travaillent souvent dans les mouvements du système.

Leurs caractéristiques sont décrites par la **loi de comportement** de la liaison considérée .

Il s'agit d'une donnée fournie par l'observation physique de leur mode de travail. Par exemple, les efforts de frottement sec ou visqueux se rencontrent fréquemment dans les liaisons de contact.

Parmi les lois de comportement de liaison usuelles, les **liaisons parfaites** constituent une classe importante :

Définition

Par définition, une liaison bilatérale est parfaite si les réactions associées ne travaillent pas dans tout mouvement virtuel compatible.

Un mouvement virtuel est compatible avec la liaison bilatérale (8.1) si la vitesse δu vérifie :

$$h_{,u} \cdot \delta u = 0. \tag{8.2}$$

Une vitesse réelle $\dot{u}$ est évidemment toujours compatible avec la liaison et constitue une vitesse virtuelle particulière.

Cette définition signifie que si R désigne les réactions de liaison, on a nécessairement :

$$\delta W_\ell = R \cdot \delta u = 0 \tag{8.3}$$

lorsque la condition (8.26) est satisfaite.

D'après le théorème des multiplicateurs de Lagrange, cette définition implique qu'il existe un nombre réel μ tel que :

$$R = \mu \cdot h_{,u} . \tag{8.4}$$

Le coefficient μ est appelé le multiplicateur de Lagrange associé à la liaison considérée.

On voit que d'une façon équivalente, on peut aussi adopter (8.4) directement comme la définition d'une liaison bilatérale parfaite.

8.1.3   Liaisons parfaites unilatérales

Considérons maintenant une liaison unilatérale définie par le signe $\geq$ au lieu de $=$ dans (8.1) :

$$h(u) \geq 0. \tag{8.5}$$

Une vitesse virtuelle δu est compatible avec cette liaison si elle vérifie :

$$h_{,u} \cdot \delta u \geq 0 \qquad \text{lorsque} \;\; h(u) = 0,$$
$$\delta u \text{ quelconque} \qquad \text{lorsque} \; h(u) > 0. \tag{8.6}$$

Définition

Par définition, la liaison unilatérale (8.4) est parfaite si :

$$\delta W_\ell = R \cdot \delta u \geq 0 \tag{8.7}$$

dans tout mouvement virtuel compatible (8.6).

Cette définition entraîne plusieurs conséquences :
D'abord, lorsque la liaison est effective c'est à dire lorsque h(u) = 0, elle implique que :

$$R = \mu \cdot h_{,u}(u) \quad \text{avec} \quad \mu \geq 0 \tag{8.8}$$

et lorsque la liaison n'est pas effective c'est à dire lorsque $h(u) > 0$, elle implique :

$$\mu = 0 \quad \text{si} \quad h(u) > 0 \tag{8.9}$$

puisque δu est alors arbitraire.
D'une façon équivalente, on peut aussi adopter directement comme définition de liaison unilatérale parfaite les relations :

$$\delta W_\ell = R \cdot \delta u \;\; \text{avec} \;\; R = \mu \cdot h_{,u}(u),$$
$$\mu \geq 0 \;\; , \quad h \geq 0 \;\; , \quad \mu \cdot h(u) = 0. \tag{8.10}$$

Ces dernières relations sont aussi connues dans la littérature sous le nom des relations de Kuhn et Tucker.

Notations

Lorsque le système admet plusieurs liaisons, on adopte la notation suivante :
Pour un vecteur h à M composantes h^m, l'écriture $h \geq 0$ signifie que $h^m \geq 0$ pour $m = 1, .. M$.

Les définitions précédentes s'étendent alors immédiatement au cas de M liaisons $h^m, m = 1, M$. Il suffit de noter h le vecteur à M composantes h^m et μ le vecteur à M composantes μ^m associées aux liaisons h^m.

Remarques

On constate d'après les formules (8.3), (8.4) ou (8.7), (8.8) que **les efforts de liaison dérivent d'un potentiel** E_ℓ dans le cas des liaisons parfaites bilatérales ou unilatérales :

$$E_\ell = -\mu \cdot h(u). \qquad (8.11)$$

D'autre part, dans le mouvement réel, la réaction ne travaille jamais. En effet, la relation $\mu \cdot h = 0$, valable dans tous les cas et à tout instant, donne après dérivation par rapport au temps t :

$$\mu \cdot \dot{h} + h \cdot \dot{\mu} = 0,$$

ce qui implique que :

$$\mu \cdot \dot{h} = \mu h_{,u} \cdot \dot{u} = R \cdot \dot{u} = 0. \qquad (8.12)$$

8.1.4 Équilibre d'un système conservatif sous liaisons parfaites

Soit maintenant un système mécanique soumis à des efforts intérieurs et extérieurs donnés dérivant d'une énergie potentielle $E_d(u)$ et possédant N liaisons parfaites bilatérales $k(u) = O$ et M liaisons parfaites unilatérales $h(u) \geq O$.

Soit L le lagrangien associé :

$$L(u, \mu, \nu) = E_d(u) - \mu \cdot h(u) - \nu \cdot k(u). \qquad (8.13)$$

On a alors la proposition suivante :

Proposition

L'équilibre statique est défini par le système des équations suivantes :

$$L_{,u}(u, \mu, \nu) = 0,$$
$$k(u) = 0,$$
$$\mu \geq 0 \quad , \quad h(u) \geq 0 \quad et \quad \mu \cdot h(u) = 0 \qquad (8.14)$$

qui représente $I + M + N$ équations reliant $I + M + N$ inconnues (u^i, μ^m, ν^n).

En effet, il suffit d'écrire l'équation des puissances virtuelles pour un déplacement virtuel quelconque en tenant compte des expressions des puissances virtuelles des efforts de liaisons et des efforts donnés.

Elle s'identifie aux équations $L_{,u}(u, \mu, \nu) = 0$ qui traduisent les équations :

$$E_{,u} = 0 \qquad avec \quad E = E_d + E_\ell = L,$$

E étant l'énergie potentielle totale du système.

Ici, on a préféré noter $L(u, \mu, \nu)$ au lieu de $E(u, \mu, \nu)$ pour souligner la particularité de l'expression de l'énergie.

Remarquer aussi que la contribution du potentiel de liaison E_ℓ dans la valeur de l'énergie potentielle totale à l'équilibre est nulle.

8.2 Stabilité sous liaisons parfaites

8.2.1 Théorème de Lejeune-Dirichlet généralisé

Étudions maintenant la stabilité d'une position d'équilibre. On a le théorème :

Théorème

L'équilibre est stable s'il réalise un minimum local de l'énergie potentielle des efforts donnés $E_d(u)$ sous les contraintes de liaisons.

En effet, suivons la démarche donnée dans l'établissement du théorème de Lejeune-Dirichlet classique en perturbant l'équilibre considéré . La propriété de conservation de l'énergie mécanique totale, qui se compose de l'énergie potentielle des efforts donnés, de l'énergie potentielle des efforts de liaison (nulle) et de l'énergie cinétique, reste valable et se réduit à :

$$E_d(u_\tau) + C_\tau = Constante$$

car les réactions ne travaillent pas dans le mouvement perturbé d'après (8.12).

D'autre part les liaisons sont respectées dans le mouvement perturbé. La condition du minimum de l'énergie E_d sous les contraintes de liaison constitue une barrière de l'énergie empêchant le système perturbé de s'échapper loin de l'équilibre. La démonstration, à quelques modifications mineures près, est identique à celle donnée au chapitre 1.

8.2.2 Critère de seconde variation du Lagrangien

Pour le système sous liaisons considéré, une vitesse virtuelle δu est compatible avec ces liaisons si :

$$\delta k = k_{,u}(u) \cdot \delta u = 0 \quad \text{et} \quad \delta h^n = h^n{}_{,u}(u) \cdot \delta u \geq 0 \quad \text{si} \quad h^n(u) = O. \quad (8.15)$$

Notons V l'ensemble des vitesses virtuelles compatibles à l'équilibre :

$$V = \{\delta u \mid \delta u \text{ satisfait } (8.15) \text{ avec } u = u_e \}. \quad (8.16)$$

Il est utile d'autre part de distinguer un sous-ensemble V_0 de V :

$$V_0 = \{\delta u \in V \mid \delta h^n = 0 \text{ si } \mu_e^n > 0 \} \quad (8.17)$$

appelé **l'ensemble des vitesses admissibles.**

Représentons les positions voisines de u_e par une courbe paramétrée par τ

$$u_\tau = u_e + \delta u \cdot \tau + u_2 \, \frac{\tau^2}{2} + ... \qquad (8.18)$$

Alors $\delta u \in V$ par définition. Les variations correspondantes de E_d et de L sont :

$$
\begin{aligned}
E_d(u_\tau) &= E_d^e + \delta E_d \; \tau + \delta^2 E_d \; \frac{\tau^2}{2} + ..., \\
L(u_\tau, \mu^e, \nu^e) &= L^e + \delta L \; \tau + \delta^2 L \; \frac{\tau^2}{2} + ...
\end{aligned}
\qquad (8.19)
$$

On vérifie facilement que :

$$
\begin{aligned}
\delta E_d &> 0 \quad \text{si} \quad \delta u \in V - V_0, \\
\delta E_d &= \delta L = 0 \quad \text{si} \quad \delta u \in V_0
\end{aligned}
\qquad (8.20)
$$

et que :

$$\delta^2 L = \delta u \cdot L_{,uu}^e \cdot \delta u + L_{,u}^e \cdot u_2 = \delta u \cdot L_{,uu}^e \cdot \delta u.$$

On a aussi :

$$E_d(u) \geq L(u, \mu^e, \nu^e) \quad \text{et} \quad L^e = E_d^e. \qquad (8.21)$$

La proposition suivante en résulte :

Proposition

Un équilibre est stable si :
- la forme quadratique $\delta^2 L = \delta u \cdot L_{,uu}^e \cdot \delta u$ est définie positive dans V_0
- ou si V_0 est vide.
C'est le critère dit de seconde variation du Lagrangien.

8.2.3   Exemples

Exemple 1

Stabilité d'un cube sous traction triaxiale

Un cube élastique de coté ℓ_0 à l'état naturel est soumis à l'action des forces normales d'amplitude λ sur les faces opposées, avec la convention $\lambda < 0$ s'il s'agit d'une compression et $\lambda > 0$ une traction.

Soient ℓ_1, ℓ_2, ℓ_3 les longueurs des trois côtés à l'état déformé. En admettant que l'énergie élastique emmagasinée est :

$$W_{el} = \frac{1}{2} A \ell_0 (\ell_1^2 + \ell_2^2 + \ell_3^2 - 3\ell_0^2) \qquad (8.22)$$

et que le matériau est incompressible : $\ell_1 \ell_2 \ell_3 = \ell_0^3$, on souhaite déterminer les positions d'équilibres possibles et étudier la stabilité de la position d'équilibre trivial $\ell_1 = \ell_2 = \ell_3 = \ell_0$.

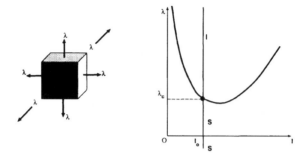

Figure 8.1: Bifurcation d'un cube sous traction

Le potentiel des efforts donnés est :

$$E_d = \frac{1}{2}A\ell_0 \left(\ell_1^2 + \ell_2^2 + \ell_3^2 - 3\ell_0^2\right) - \lambda\left(\ell_1 + \ell_2 + \ell_3\right). \tag{8.23}$$

Le système admet une liaison $k(\ell_1, \ell_2, \ell_3) = \ell_1\ell_2\ell_3 - \ell_0^3 = 0$.
Le Lagrangien associé est :

$$L(\ell_1, \ell_2, \ell_3, \lambda, \nu) = E_d - \nu(\ell_1\ell_2\ell_3 - \ell_0^3). \tag{8.24}$$

Les équations d'équilibre s'écrivent :

$$\begin{aligned}
A\ell_0\ell_1 - \lambda - \nu\ell_2\ell_3 &= 0, \\
A\ell_0\ell_2 - \lambda - \nu\ell_3\ell_1 &= 0, \\
A\ell_0\ell_3 - \lambda - \nu\ell_1\ell_2 &= 0.
\end{aligned}$$

On vérifie que $\ell_1 = \ell_2 = \ell_3 = \ell_0$ constitue une solution triviale avec $\nu = A - \frac{\lambda}{\ell_0^2}$.

D'autres solutions existent aussi. Par exemple on peut avoir :

$$\ell_1 = \ell_2 = \ell \quad et \quad \ell_3 = \frac{\ell_0^3}{\ell^2}.$$

avec :

$$A\ell_0\ell - \lambda - \nu\frac{\ell_0^3}{\ell} = 0 \;\; et \;\; \frac{A\ell_0^4}{\ell^2} - \lambda - \nu\ell^2 = 0 \tag{8.25}$$

soit

$$\lambda = A\ell_0\left(\ell + \frac{\ell_0^3}{\ell^2}\right) \quad et \quad \nu = -A\frac{\ell_0}{\ell}.$$

Pour étudier la stabilité des équilibres triviaux, appliquons le critère de seconde variation du Lagrangien :
Il s'agit d'étudier la positivité de la forme quadratique :

$$\delta^2 L = L^0,_{\ell\ell} \; [\delta\ell, \delta\ell]$$

avec :

$$[L^0,_{\ell\ell}] = \ell_0 \begin{bmatrix} A & -\nu & -\nu \\ -\nu & A & -\nu \\ -\nu & -\nu & A \end{bmatrix}$$

sur l'ensemble :

$$V = V_0 = \{ \; \delta\ell \; | \; \delta\ell_1 + \delta\ell_2 + \delta\ell_3 = 0 \}.$$

Il faut considérer seulement les vecteurs $\delta\ell$ orthogonaux à la direction (1,1,1).

La matrice $[L^0,_{\ell\ell}]$ admet comme valeurs propres γ et comme vecteurs propres associés Y :

$$\gamma_1 = \ell_0(A - 2\nu) = \frac{2\lambda}{\ell_0} - A\ell_0 \;\;, \;\; Y_1 = (1,1,1),$$

$$\gamma_2 = \gamma_3 = \ell_0(A + \nu) = 2A\ell_0 - \frac{\lambda}{\ell_0} \;\;, \;\; Y_2 = (1,-1,0) \;\;, \;\; Y_3 = (0,1,-1).$$

L'équilibre trivial est donc stable si $\lambda < \lambda_c = 2A\ell_0^2$. Il s'agit alors d'un flambage en mode multiple.

Exemple 2

Un modèle de matériau avec changement de phase

La modélisation du comportement des alliages métalliques particuliers comme les matériaux à mémoire de forme nécessite une prise en compte des effets de changement de phase. A une certaine température, deux phases peuvent coexister sous forme des mélanges de cristaux microscopiques de martensite ou d'austénite. Le changement de phase s'effectue d'une façon plus ou moins réversible, les fractions de phase évoluent en fonction de l'état de déformation macroscopique.

Pour illustrer ce phénomène, un modèle rhéologique unidimensionnel représenté sur la fig.(8.2) est examiné. Il s'agit d'un modèle de ressorts en série défini par des variables d'état ϵ, e, f, z qui sont respectivement la déformation macroscopique, les déformations locales de chaque phase et la proportion de phase.

Ce sont des variables liées par des liaisons internes évidentes :

$$ze + (1 - z)f - \epsilon = 0,$$
$$z \geq 0,$$
$$1 - z \geq 0$$

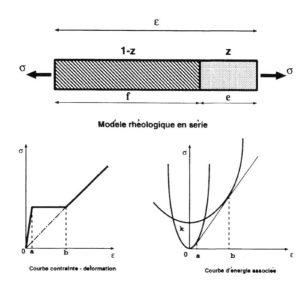

Figure 8.2: Un modèle de matériaux avec changement de phase

qui représentent des liaisons parfaites lorsque le phénomène de changement de phase est supposé réversible.

Puisque le milieu possède deux phases, il est naturel d'écrire que l'énergie emmagasinée est constituée de l'énergie élastique relative à chaque phase, de la chaleur latente de changement de phase k et, éventuellement, de l'énergie d'interaction entre elles :

$$W = zU(e) + (1 - z)V(f) + k(1 - z) + I(z).$$

Pour simplifier, on admettra que :

$$U(e) = 1/2K_1 e^2 \ , \quad V(f) = 1/2K_2 f^2 \quad \text{et} \quad r = \frac{K_1}{K_2} > 1.$$

Si la force est contrôlée, $\lambda = \sigma$ désigne la force appliquée, l'énergie potentielle des efforts donnés est :

$$E_d(\epsilon, e, f, z) = W - \sigma\epsilon.$$

Le Lagrangien s'écrit :

$$L(\epsilon, e, f, z, \nu, \mu_1, \mu_2) = zU(e) + (1 - z)V(f)$$

$$+(1 - z)k + I(z) - \sigma\epsilon - \nu(ze + (1 - z)f - \epsilon) - \mu_1 z - \mu_2(1 - z).$$

Les équations d'équilibre s'écrivent :

$$L_{,\epsilon} \ = \ \nu - \sigma = 0,$$

$$L_{,e} = zK_1 e - \nu z = 0,$$
$$L_{,f} = (1-z)K_2 f - \nu(1-z) = 0,$$
$$L_{,z} = \frac{1}{2}K_1 e^2 - \frac{1}{2}K_2 f^2 - k - \nu e + \nu f - \mu_1 + \mu_2 + I'(z) = 0$$

auxquelles s'ajoutent les liaisons et les relations associées :

$$\mu_1 \geq 0, \mu_2 \geq 0, \quad \text{avec} \quad \mu_1 z = 0 \quad \text{et} \quad \mu_2(1-z) = 0.$$

Ces relations permettent de déterminer la loi de comportement du matériau lorsque l'énergie d'interaction est donnée.

Par exemple pour $I(z) = 0$, la loi de comportement s'obtient de la manière suivante :

Si $z = 1$, on a alors nécessairement $e = \epsilon, \sigma = \nu = K_1 \epsilon$, f est arbitraire, $\mu_1 = 0$ et

$$\mu_2 = \frac{1}{2}K_1 \epsilon^2 + \frac{1}{2}K_2 f^2 + k - K_1 \epsilon f.$$

On doit discuter le signe de μ_2.

En remarquant que μ_2 dépend de la valeur (arbitraire) de f et atteint son minimum μ_{2*} pour $f = f_*$ défini par $K_2 f_* = K_1 \epsilon$, on a :

$$\mu \geq \mu_{2*} = \frac{1}{2}K_1 \epsilon^2 - \frac{1}{2}K_1 r \epsilon^2 + k.$$

La condition $\mu \geq 0$ exige alors que l'état $z = 1$ n'est physiquement admissible que si :

$$\epsilon^2 \leq a^2 \quad avec \quad a = \sqrt{\frac{2k}{K_1(r-1)}}.$$

Dans le même esprit, si $z = 0$, on obtient $f = \epsilon$, e est arbitraire, $\nu = \sigma = K_2 \epsilon$ et la condition $\mu_1 \geq 0$ exige que :

$$\epsilon^2 \geq b^2 \quad avec \quad b = \sqrt{\frac{2kr}{K_2(r-1)}}.$$

Si $0 < z < 1$, on obtient :

$$\nu = \sigma = K_1 e = K_2 f \quad avec \quad e^2 = a^2, f^2 = b^2.$$

Finalement, la loi de comportement s'écrit :
- Si $\epsilon^2 \leq a^2$, alors $z = 1$ et $\sigma = K_1 \epsilon$,
- Si $a^2 \leq \epsilon^2 \leq b^2$ alors $z = \frac{b-|\epsilon|}{b-a}$ et $\sigma = \sqrt{\frac{2kK_1}{r-1}}$,
- Si $\epsilon^2 \geq b^2$ alors $z = 0$ et $\sigma = K_2 \epsilon$,
ce qui conduit à la courbe contrainte - déformation de la fig.(8.2).

La stabilité du matériau s'obtient en particulier par le critère de seconde variation :

Par exemple, si $\epsilon^2 < a^2$, on a $\mu_2 > 0$ et l'ensemble des vitesses admissibles V_0 correspond à :

$$\delta\epsilon \quad \text{arbitraire}, \quad \delta z = 0, \quad \delta e = \delta\epsilon, \quad \delta f \quad \text{arbitraire}.$$

Le critère de seconde variation donne :

$$\delta^2 L = K_1 \delta\epsilon^2 \geq 0.$$

Sous contrainte contrôlée, l'état de déformation considéré est donc stable. Si $a^2 < \epsilon^2 < b^2$, l'ensemble des vitesses admissibles correspond à :

$$\delta\epsilon \quad \text{arbitraire}, \quad \delta z \quad \text{arbitraire}, \quad \delta z(e - f) + z\delta e + (1 - z)\delta f - \delta\epsilon = 0.$$

En notant $u = [\epsilon, e, f, z]$, la matrice $L_{,uu}$ est :

$$[L_{,uu}] = \begin{bmatrix} 0 & 0 & 0 & 0 \\ 0 & zK_1 & 0 & 0 \\ 0 & 0 & (1-z)K_2 & 0 \\ 0 & 0 & 0 & I" \end{bmatrix} .$$

La seconde variation $\delta^2 L$ parmi les vitesses admissibles n'est pas strictement positive sauf s'il existe une énergie d'interaction convexe $I"(z) > 0$. Ce résultat est prévisible compte tenu de la pente nulle sur la portion considérée de la courbe contrainte - déformation.

Exercice

Propagation de la striction dans une éprouvette en polyéthylène

Le polyéthylène est un polymère utilisé dans l'industrie pour les conduites de gaz GDF par exemple. On examine ici un essai de traction d'une éprouvette en polyéthylène de section carrée, de longueur ℓ dans la configuration initiale non déformée sous un déplacement imposé d'amplitude assez importante. L'observation expérimentale montre que l'éprouvette reste homogène c'est à dire reste un cylindre de section carrée jusqu'à une certaine élongation limite. A partir de cette valeur limite, une zone de striction de section carrée plus petite apparait et se propage à l'intérieur de l'éprouvette qui se compose alors de deux parties cylindriques de section différente et par conséquent d'élongation différente $e > f$ cf. (fig.(8.3). La partie de section plus faible s'étend avec le chargement pour couvrir finalement l'éprouvette en entier. A partir de ce moment, l'éprouvette redevient homogène.

Comme il n'y a pas de décharge, cette expérience peut être interprétée dans le cadre de l'élasticité de la manière suivante :

On admet que l'éprouvette homogène possède une courbe force - élongation $F = F(a)$ donnée par la fig.(8.3). Soit $W(a)$ la densité d'énergie de déformation élastique par unité de longueur de référence. Quand la striction apparait, soit $z\ell$

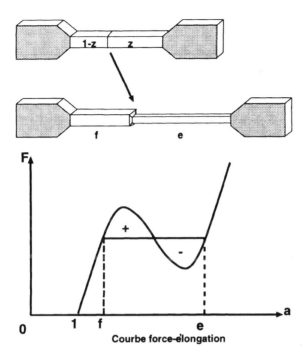

Figure 8.3: Striction d'une éprouvette

la longueur de la partie de plus faible section, le paramètre z décrit la proportion de la striction dans l'éprouvette, avec $0 \leq z \leq 1$.

1.- Soit $\epsilon \ell$ l'allongement total de l'éprouvette, établir la relation :

$$ze + (1 - z)f = \epsilon.$$

2.- Soit E l'énergie potentielle totale de l'éprouvette , donner les expressions de E et du Lagrangien associé L en fonction des paramètres ϵ, e, f, z, μ lorsque $z \neq 0$ et $z \neq 1$, le coefficient μ désigne le multiplicateur associé à la liaison précédente.

3.- Donner le système des équations caractérisant les équilibres de l'éprouvette sous l'allongement total imposé $\epsilon \ell$.

4.- Résoudre graphiquement le système des équations obtenues en se servant de la courbe expérimentale $F = F(a)$ donnée. Montrer que les élongations locales e et f s'obtiennent sur cette courbe selon la règle de Maxwell, qui partage la boucle en deux aires équivalentes indiquées sur la figure (8.3). Préciser la réponse mécanique de l'éprouvette.

5.- Etudier la stabilité des équilibres obtenus lorsque $0 < z < 1$.

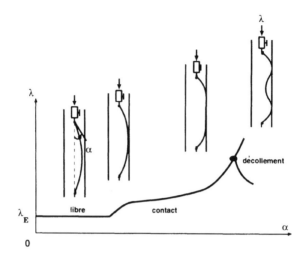

Figure 8.4: Flambage d'une tige flexible entre deux parois

8.3 Flambage d'un solide en contact unilatéral

Les problèmes de flambage de solides en contact unilatéral avec des obstacles mobiles ou immobiles se rencontrent assez fréquemment dans la pratique. En voici quelques exemples d'illustration.

8.3.1 Exemples

Flambage d'une tige flexible entre deux parois

Une règle élastique flexible mais inextensible est soumise à une force verticale de compression λ. Son déplacement latéral est limité par deux parois d'une fente de largeur $2b$.

Lorsque λ croit, la règle reste verticale jusqu'à la charge critique d'Euler puis elle fléchit en suivant un trajet bifurqué jusqu'au moment de contact avec une paroi. La zone de contact s'étend ensuite avec la charge appliquée jusqu'à une autre charge critique définie par la rupture de contact au centre de cette zone.

La fig.(8.4) présente une telle expérience ainsi qu'un calcul numérique réalisé à partir des équations de l'elastica données au chapitre 2. On peut constater que le contact rigidifie énormément la réponse de la règle.

Système barre-ressort et contact unilatéral

Reprenons l'exemple d'une tige rigide OA maintenue dans la position verticale par un ressort spirale élastique en O. La tige est soumise à l'action d'une

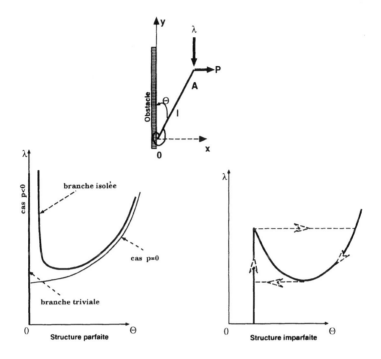

Figure 8.5: Flambage d'une tige rigide avec contact unilatéral

force verticale descendante d'amplitude λ, et d'une force horizontale p appliquées à l'extrémité A. Un support rigide empêche le point A d'entrer dans le demi plan $x < 0$.

Soit μ le moment en O des réactions du support, la condition de contact unilatéral se traduit par :

$$\theta \geq 0 \ , \ \mu \geq 0 \ , \ \mu\theta = 0.$$

Si $p < 0$, le contact peut être actif. Lorsque λ varie, deux courbes d'équilibres existent :
- une courbe triviale $\theta = 0$ avec contact actif de réaction $\mu = -p\ell$.
- une courbe non triviale sans contact définie par l'équation d'équilibre:

$$c\theta = p\ell \cos\theta + \lambda\ell\sin\theta$$

ou

$$\lambda = \frac{c}{\ell}\frac{\theta}{\sin\theta} - p\cot\theta$$

en supposant que le ressort est linéaire, c désigne sa rigidité à la rotation.

Si une petite imperfection $\theta_* > 0$ est introduite, la réponse quasi -statique est donnée par une portion de la droite $\theta = \theta_*$ suivie d'une portion $\theta \geq \theta_*$ de la courbe :

$$\lambda = \frac{c}{\ell} \frac{\theta - \theta_*}{\sin \theta} - p \cot \theta.$$

Ces portions correspondent respectivement à deux phases distinctes de la réponse, avec ou sans contact avec l'obstacle.

8.3.2 Solide élastique avec contact unilatéral sans frottement

La stabilité de l'équilibre d'un solide élastique en contact unilatéral avec un obstacle est étudiée ici dans le contexte général d'une structure élastique tridimensionnelle soumise à des efforts donnés et des déplacements imposés dépendant d'un paramètre de contrôle λ.

Soit un solide occupant un volume Ω à l'état non déformé et soumis à des efforts donnés de volume ou de surface dérivant d'un potentiel $\Phi(u, \lambda)$. Le déplacement est aussi imposé égal à $u_d(\lambda)$ sur une partie S_u de la frontière $\partial\Omega$.

On suppose d'autre part que sur une autre partie S_c de la frontière, le solide est susceptible d'entrer en contact unilatéral avec un obstacle mobile occupant la région $h(x, \lambda) \leq 0$ de l'espace.

En notant X la position initiale d'un point matériel, $u(X)$ son déplacement, la condition de contact unilatéral s'exprime par :

$$h(X + u(X), \lambda) \geq 0 \quad \text{quel que soit} \quad X \in S_c. \tag{8.26}$$

C'est une liaison parfaite lorsque le contact est sans frottement.

Soit $E_d(u, \lambda)$ le potentiel des efforts intérieurs et extérieurs donnés :

$$E_d(u, \lambda) = \int_\Omega w(\nabla u)\, d\Omega + \Phi(u, \lambda). \tag{8.27}$$

Le Lagrangien associé est :

$$L(u, \mu, \lambda) = E_d(u, \lambda) - \int_{S_c} \mu(X) \cdot h(X + u(X), \lambda)\, ds. \tag{8.28}$$

Les multiplicateurs μ doivent vérifier les conditions de liaisons parfaites en chaque point X :

$$\mu \geq 0 \quad , \quad h \geq 0 \quad , \quad \mu h = 0.$$

La signification physique des multiplicateurs se comprend aisément. La réaction de contact est $\mu h_{,x}$ par unité de surface non déformée.

Un déplacement virtuel δu est compatible avec les déplacements imposés et les liaisons de contact unilatéral si et seulement si :

$$\delta u = 0 \quad sur \quad S_u \quad et \quad \delta h = h_{,x} \cdot \delta u \geq 0 \quad \text{si} \quad h = 0. \tag{8.29}$$

On sait que l'introduction de l'ensemble V_0 des vitesses admissibles :

$$V_0 = \{ \delta u \mid \text{ compatible et satisfaire } \delta h = 0 \text{ lorsque } \mu > 0 \} \tag{8.30}$$

permet d'énoncer comme précédemment le critère de seconde variation du Lagrangien.

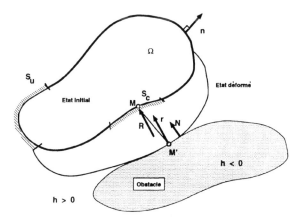

Figure 8.6: Solide en contact unilatéral avec un obstacle

Chapitre 9

Bifurcation statique et bifurcation dynamique

On discute dans ce chapitre la position générale du problème de bifurcation. Les systèmes étudiés sont quelconques c'est à dire non nécessairement conservatifs. La bifurcation statique est discutée, certains résultats des chapitres précédents sont généralisés aux systèmes non conservatifs. La bifurcation dynamique est simplement évoquée à travers l'énoncé du théorème de Hopf. Cette présentation est ici limitée au cas des systèmes discrets.

9.1 Retour à l'évolution dynamique

On rappelle, cf. chapitre 1, que l'évolution dynamique d'un système mécanique discret quelconque est donnée par les équations :

$$J_i + L_i + Q_i = 0 \quad pour \quad i = 1, ... n.$$

Soit $F = L + Q$ l'ensemble des forces intérieures et extérieures. Par hypothèse $F = F(q, \dot{q}, \lambda)$ et on sait que les efforts d'inertie J sont donnés par les formules de Lagrange :

$$J = C_{,q} - \frac{d}{dt} C_{,\dot{q}}$$

où l'énergie cinétique C s'écrit sous la forme :

$$C(q, \dot{q}) = \frac{1}{2} \dot{q} M(q) \dot{q}$$

lorsque le paramétrage est indépendant du temps t.

Les équations dynamiques s'écrivent plus explicitement sous la forme :

$$M\ddot{q} + (M_{,q}\,\dot{q})\,\dot{q} - \frac{1}{2}\dot{q}M_{,q}\,\dot{q} - F(q, \dot{q}, \lambda) = O. \tag{9.1}$$

Elles s'écrivent aussi sous la forme de 2n équations du premier ordre :

$$\frac{d}{dt}\mathbf{x} = \mathbf{y}(\mathbf{x}, \lambda) \tag{9.2}$$

avec :

$$\mathbf{x} = \begin{bmatrix} q \\ p \end{bmatrix} \quad et \quad \mathbf{y} = \begin{bmatrix} p \\ M^{-1}(-(M_{,q}\ p\ )\ p + \frac{1}{2}\ p\ M_{,q}\ p\ + F) \end{bmatrix} \tag{9.3}$$

et t désigne le temps physique.

Cette remarque nous permet d'utiliser les résultats de la théorie générale de la bifurcation établie pour des équations (9.2). Il est cependant utile d'écrire directement ces résultats généraux pour les équations dynamiques .

9.2 Courbe d'équilibres : point régulier - point critique

On souhaite de nouveau étudier une courbe d'équilibres en distinguant les points critiques tels que points limites et points de bifurcation des points réguliers de la courbe.

Un courbe d'équilibres est définie dans l'espace R^{n+1} et engendrée par le couple - position d'équilibre x_λ^e et charge λ - quand λ varie. Une position d'équilibre x^e est une solution indépendante du temps de l'équation d'évolution dynamique (9.1) ou d'une façon équivalente :

$$\mathbf{y}(\mathbf{x}^e, \lambda) = O \tag{9.4}$$

ce qui implique d'après (9.2) que $p^e = O$ et :

$$F(q^e, O, \lambda) = O. \tag{9.5}$$

D'après les résultats du chapitre 1 sur la méthode de linéarisation, on rappelle qu'une position d'équilibre q^0 est stable si toutes les valeurs propres de la matrice suivante :

$$A = \mathbf{y}^0{}_{,\mathbf{x}} = \begin{bmatrix} O & I \\ -M^{-1}K & -M^{-1}N \end{bmatrix} \tag{9.6}$$

ou, ce qui revient au même, si toutes les valeurs (propres) en s de l'équation suivante appelée aussi l'équation aux valeurs propres généralisée :

$$\begin{bmatrix} s^2\ M + s\ N + K \end{bmatrix} \ X = O \tag{9.7}$$

sont à partie réelle strictement négative. Noter que les valeurs propres s de (9.7) sont aussi valeurs propres de A et réciproquement. Dans ces équations, on a noté $M = M(q^0)$, K et N désignent respectivement les matrices :

$$K_{ij} = -F^0_{i,q^j} \quad , \quad N_{ij} = -F^0_{i,\dot{q}^j}. \tag{9.8}$$

Ces matrices ne sont pas nécessairement symétriques dans le cas général.

La représentation locale d'une courbe d'équilibres au voisinage d'un point d'équilibre $\mathbf{x}_0$:

$$\lambda = \lambda_0 + \lambda_1 \xi + \lambda_2 \frac{1}{2}\xi^2 + ...,$$

$$q = q_0 + q_1 \xi + q_2 \frac{1}{2}\xi^2 + ... \tag{9.9}$$

montre de nouveau, par l'étude du problème en dérivées d'ordre 1 par rapport à ξ , que la définition suivante est tout à fait naturelle :

Si la matrice K est inversible, l'équilibre considéré est un point régulier. Si la matrice K est singulière, l'équilibre considéré est un point critique.

D'une façon équivalente, on vérifie aussi sans difficulté qu'une position d'équilibre est un point régulier ou critique selon la nature régulière ou singulière de la matrice A , ou si l'équation aux valeurs propres généralisée (9.7) ne possède pas ou possède une valeur propre nulle.

Une telle définition est cependant de nature purement statique car elle se limite à des considérations d'équilibre statique du système. Elle n'est pas conforme à la perte de stabilité d'un équilibre par annulation de la partie réelle d'une valeur propre. On peut inclure ces points critiques en adoptant par exemple la définition plus générale suivante :

Si l'équation aux valeurs propres admet une valeur propre à partie réelle nulle, l'équilibre considéré est un point critique. Sinon, il s'agit d'un point régulier.

Cette définition est conséquente au théorème de Liapounov étudié au chapitre 1. Or on a vu qu'il existe des cas douteux et que cette définition ne peut être acceptée si on se rapporte au cas des systèmes conservatifs. En effet, pour un tel système, on a établi dans les précédents chapitres que les valeurs propres associées à un point régulier stable sont toutes imaginaires pures. Pour s'en sortir, il est nécessaire de se restreindre à la régularité d'un équilibre par rapport à une courbe d'équilibres.

Soit une courbe d'équilibres décrite par un paramètre ξ. Quand ξ varie, chacune des valeurs propres s de l'équation caractéristique associée à différentes positions du système va décrire une courbe $s(\xi)$ dans le plan complexe. En considérant l'ensemble des valeurs propres, on peut introduire la définition suivante :

Définition

Une position d'équilibre d'une courbe d'équilibres est un point critique s'il existe une valeur propre s quittant en ce point $s(\xi)$ le demi-espace $Re(s) \leq 0$. Dans le cas contraire, il s'agit d'un point régulier.

Deux cas sont à distinguer :

- si cette valeur propre est nulle $(s(\xi) = 0)$, on dira qu'il s'agit d'un point critique statique.

- si cette valeur propre est purement imaginaire $(s(\xi) = i\beta \neq 0)$, on dira qu'il s'agit d'un point critique dynamique.

pour des raisons qui apparaîtront dans la suite.

L'hypothèse de travail suivante, dite de **transversalité (H3)**, est alors aussi admise :

On admet que s quitte ou traverse l'axe imaginaire d'une façon franche au point critique. Cela veut dire par exemple que $Re(\frac{ds}{d\xi})$ est positif au point critique.

9.3   Point critique statique

On limite la discussion en restant dans le cadre de l'hypothèse de travail (H2) de vecteur propre simple. Soit $X \neq O$ un vecteur propre associé :

$$KX = O, \qquad \text{X est réel.}$$

La matrice K étant non nécessairement symétrique, soit X^* le vecteur propre de K^t associé à la même valeur propre $s = 0$:

$$K^t X^* = O, \qquad X^* \text{est réel.}$$

Les discussions menées aux chapitres 4 et 5 peuvent être de nouveau répétées moyennant quelques petites modifications.

9.3.1   Point limite - point de bifurcation

La dérivation par rapport au paramètre ξ des équations d'équilibre donne , après multiplication scalaire avec X^*, la proposition suivante en un point critique statique :

Proposition

- *si $X^* . F^c_{,\lambda} \neq 0$, on a éventuellement un point limite,*
- *si $X^* . F^c_{,\lambda} = 0$, on a éventuellement un point de bifurcation statique.*

En un point limite $\lambda_1 = 0$ et $q_1 = X$. La dérivation deux fois par rapport à ξ des équations d'équilibre donne :

$$F^c_{,q}\, q_2 + F^c_{,qq}\, [q_1, q_1] + 2F^c_{,q\lambda}\, q_1 \lambda_1 + F^c_{,\lambda}\, \lambda_2 + F^c_{,\lambda\lambda}\, \lambda_1^2 = 0$$

et conduit, après multiplication scalaire des deux membres avec X^*, à :

$$\lambda_2 = -\frac{X^* . F^c_{,qq}\, [X, X]}{X^* . F^c_{,\lambda}} \tag{9.10}$$

formule généralisant (3.12) aux systèmes non conservatifs.

9.3.2   Bifurcation statique

Examinons de nouveau la bifurcation d'une courbe d'équilibres triviale d'équation $q = q^0(\lambda)$ (Hypothèse H1). On suppose comme avant que cette courbe est stable pour $\lambda < \lambda_c$ et que pour $\lambda = \lambda_c$ une valeur propre de l'équation aux valeurs propres s'annule.

La courbe d'équilibres bifurquée est de nouveau définie par le développement :

$$\lambda = \lambda_c + \lambda_1 \, \xi + \lambda_2 \, \frac{1}{2} \, \xi^2 + ...,$$

$$q = q^0(\lambda) + v_1 \, \xi + v_2 \, \frac{1}{2} \, \xi^2 + ... \qquad (9.11)$$

Le raisonnement du chapitre 4, cf. (4.2.2), conduit à :

$$v_1 = X \quad , \quad \lambda_1 = \frac{N_1}{D} \, , \quad \lambda_2 = \frac{N_2}{D} \text{ avec } :$$

$$N_1 = -\frac{1}{2} \, X^* . \, F^c{}_{,qq} \, [X, X] \quad ,$$

$$D = \frac{d}{d\lambda} \, (X^* . \, F^0{}_{,q} \, [X]) = (X^* . F_{,qq} \, [q^{0'}, X] + X^* . F_{,q\lambda} \, X), \, (9.12)$$

$$N_2 = -\frac{1}{3} \, X^* . \, F^c{}_{,qqq} \, [X, X, X] - X^* . \, F^c{}_{,qq} \, [v_2, X] \quad \text{lorsque} \quad \lambda_1 = 0,$$

$$v_2 \text{ étant défini par } \quad F^c{}_{,u} \, . \, v_2 + F^c{}_{,qq} \, [X, X] = O.$$

sous réserve que D n'est pas nul. Ces formules généralisent les relations (4.10) et (4.12).

La condition $D \neq 0$ s'établit de la manière suivante :

Examinons l'équation aux valeurs propres (9.7) en un point quelconque d'une courbe d'équilibres $\lambda = \lambda(\xi)$, $q = q(\xi)$ au voisinage du point critique. Soient s_ξ la valeur propre qui passe par 0 pour $\xi = 0$ et X_ξ le vecteur propre associé. Le développement suivant est aussi valable lorsque s = 0 est valeur propre simple :

$$s_\xi = s_1 \xi + \frac{1}{2} s_2 \xi^2 + ... \quad , \quad X_\xi = X + X_1 \xi + ...$$

Considérons maintenant la courbe C^0. La dérivation de (9.7) par rapport à ξ nous donne pour $\xi = 0$:

$$s_1^0 \, NX - (F_{,qq} \, [q^{0'}, X] + F_{,q\lambda} \, [X])\lambda_1 + KX_1 = O.$$

En multipliant par X^*, on a :

$$s_1^0 X^* NX - (X^* . F_{,qq} \, [q^{0'}, X] + X^* F_{,q\lambda} \, X) = 0.$$

Montrons d'abord que $X^* NX \neq 0$ compte tenu des hypothèse admises :
En effet, X est vecteur propre simple de K, on sait déjà que $X^* . X \neq 0$ ou d'une

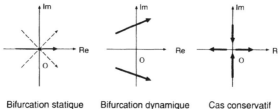

Bifurcation statique   Bifurcation dynamique   Cas conservatif

Figure 9.1: Trajectoire des valeurs propres dans le plan complexe

manière plus générale $X^*MX \neq 0$ pour une matrice symétrique définie positive quelconque M d'après les rappels de mathématiques du chapitre 2. On peut toujours prendre $X^*MX > 0$ en orientant convenablement X^*.

L'équation (9.7) donne en particulier :

$$s(sX^*MX + X^*NX) = 0.$$

On a alors $X^*NX > 0$ compte tenu du fait que la valeur propre réelle $s = -\frac{X^*NX}{X^*MX}$ doit être négative d'après les hypothèses admises.

Il en résulte que :

$$s_1^0 = \frac{D}{X^*NX}.$$

L'hypothèse de transversalité $s_1^0 > 0$ implique alors que $D > 0$.

Si $s = 0$ est une valeur propre double, on a nécessairement $X^*NX = 0$. La discussion est a priori relativement compliquée dans ce cas.

Pour assurer une liaison avec les chapitres précédents, on va examiner seulement le cas particulier $F = F(q, \lambda)$, c'est à dire quand les forces sont indépendantes des vitesses de paramètres $\dot{q}$.

Dans ce cas, il est nécessaire de considérer $\mu = s^2$ qui constitue une valeur propre de l'équation :

$$(\mu M + K)X = O$$

avec le développement suivant :

$$\mu_\xi = \mu_1 \xi + \mu_2 \frac{1}{2}\xi^2 + \dots$$

qui remplace le précédent développement de s_ξ, non valable dans ce cas.

On obtient maintenant en répétant le même raisonnement que :

$$\mu_1 = \frac{D}{X^*MX}.$$

L'hypothèse de transversalité, qui se traduit maintenant par la condition $\mu_1 > 0$, implique que $D > 0$.

Cette discussion étend aux systèmes élastiques non conservatifs les résultats de bifurcation établis aux chapitres précédents pour les systèmes conservatifs.

Cependant, une difficulté théorique subsiste concernant l'étude de stabilité. En effet, dans le cas particulier $F = F(q, \lambda)$, on sait que les valeurs propres du système peuvent être purement imaginaires et on ne dispose pas alors de méthode générale pour justifier la stabilité d'un équilibre si le système n'est pas conservatif. Par exemple, dans le cas de la charge suiveuse du chapitre 1, on ne sait pas justifier directement la stabilité de l'équilibre trivial pour $\lambda < \frac{3k}{2a}$.

Les structures réelles sont toujours dissipatives ou faiblememt dissipatives. L'introduction dans le système d'une viscosité permet de déplacer les valeurs propres situées sur l'axe imaginaire dans le domaine $Re < 0$ du plan complexe. On pourrait imaginer une justification de la stabilité du système sans viscosité basée sur l'introduction d'une viscosité évanescente. Les travaux de Bolotin [20] ont montré cependant que la charge critique du système visqueux obtenu ne tend pas nécessairement vers la charge critique du système initial sans viscosité. Dans l'exemple de la charge suiveuse, l'introduction d'une viscosité évanescente conduit à une charge critique $\lambda_* < \lambda_c = \frac{3k}{2a}$. On ne sait pas justifier la stabilité de la position droite dans l'intervalle $[\lambda_*, \lambda_c]$.

9.3.3   Echange de stabilité

Comme au chapitre 5, on va établir la proposition suivante :

Proposition

Si $\lambda_1 > 0$ ou si $\lambda_1 = 0$, $\lambda_2 > 0$, la branche associée de la courbe bifurquée correspond à des équilibres stables.

En effet, quand $s = 0$ est valeur propre simple, examinons de nouveau le sens de variation de valeur propre réelle s en suivant maintenant la courbe bifurquée :
On obtient :

$$s_1 = \frac{1}{X^* N X} (X^* F_{,qq} [q^{0'} \lambda_1 + X, X] + X^* F_{,q\lambda} X)$$

soit :

$$s_1 = -\frac{\lambda_1 D}{X^* N X} < 0.$$

Lorsque $\lambda_1 \neq 0$, la valeur propre critique redevient négative d'après cette formule, d'où la stabilité. L'échange de stabilité avec la courbe triviale C^0 est ainsi établi. Lorsque $\lambda_1 = 0$, le résultat voulu s'obtient par le calcul de s_2 .

Si $s = 0$ est valeur propre double, la démonstration s'effectue dans le même esprit avec $\mu = s^2$.

9.4   Bifurcation dynamique

9.4.1   Bifurcation de Hopf

On étudie maintenant la bifurcation d'une courbe d'équilibres C^0 d'équation $q = q^0(\lambda)$ en un point critique dynamique λ_c en admettant que la valeur propre supposée simple :

$$s(\lambda) = \alpha(\lambda) + i\beta(\lambda) \quad , \quad \alpha(\lambda_c) = 0 \ \text{ et } \ \beta(\lambda_c) > 0 \qquad (9.13)$$

quitte l'axe imaginaire pour $\lambda = \lambda_c$ d'une manière franche d'après l'hypothèse de transversalité H3 avec une vitesse finie :

$$\mid \frac{d\alpha}{d\lambda}(\lambda_c) \mid \ < \ +\infty, \qquad (9.14)$$

toutes les autres valeurs propres étant supposées à partie réelle strictement négative.

Dans ce cas, on a le résultat suivant :

Théorème de Hopf

Au point critique considéré, la courbe statique bifurque en une réponse périodique d'amplitude croissante comme $(\mid \lambda - \lambda_c \mid)^{\frac{1}{2m}}$ *avec* $m \geq 1$.

D'une façon plus précise, cette réponse dynamique bifurquée est définie par le développement asymptotique :

$$\lambda = \lambda_c + \lambda_1 \xi + \lambda_2 \frac{1}{2}\xi^2 + ...,$$

$$q = q^O(\lambda) + q_1 \ \xi + q_2 \frac{1}{2}\xi^2 + ...,$$

$$\text{avec } \lambda_1 = 0 \ \ , \ \ q \text{ périodique de période } \ T = \frac{2\pi}{\omega}$$

$$\text{et } \ \omega = \omega_0 + \omega_1 \xi + \omega_2 \frac{1}{2}\xi^2 + ... \qquad (9.15)$$

Pour exprimer que q est périodique de période T, on peut introduire des fonctions périodique q_i de période 2π de la variable $\tau = \frac{2\pi}{T}t$:

$$q_i = q_i(\tau) \ \ 2\pi - \text{périodique} \ \ , \quad i = 1, ... \qquad (9.16)$$

9.4.2   Préliminaires

Soit donc U^O l'espace vectoriel des fonctions q de $[0, 2\pi]$ dans R^n suffisamment régulières, muni du produit scalaire :

$$(q \ , \ p) = \frac{1}{2\pi} \int_0^{2\pi} q^i(\tau) p^i(\tau) \ d\tau.$$

L'introduction de U^0 permet de généraliser au cas dynamique le raisonnement introduit dans les chapitres précédents. En effet, il suffit de dériver les équations dynamiques (9.1) successivement plusieurs fois par rapport à ξ puis de prendre $\xi = 0$ en tenant compte des expressions (9.15) pour obtenir les équations en vitesses aux différents ordres. On écrit ces équations pour la courbe triviale et la courbe bifurquée, la différence de ces équations donne alors :

- ordre 1 :

$$\Gamma q_1 = O \tag{9.17}$$

où Γ désigne l'opérateur linéaire de U^0 dans U^0 :

$$\Gamma q = \omega_0^2 M \ddot{q} + \omega_0 N \dot{q} + K q \tag{9.18}$$

et $\dot{q}$ désigne $\frac{dq}{d\tau}$ par abus d'écriture.

- ordre 2 :

$$
\begin{aligned}
\Gamma q_2 + \omega_1 \quad & (4\omega_0 M \ddot{q}_1 - F_{,p}\, \dot{q}_1) \quad + \\
\lambda_1 \quad 2(\omega_0^2 \,(M_{,q}\, q^{0'})\,\ddot{q}_1 & - F_{,qq}\, q^{0'} q_1 - F_{,q\lambda}\, q_1 - \omega^0 \, F_{,pq}\, q^{0'}\dot{q}_1 - \omega_0 F_{,p\lambda}\, \dot{q}_1) \\
& - F_{,qq}\, q_1^2 - 2\omega_0 F_{,pq}\, q_1 \dot{q}_1 - \omega_0^2 F_{,pp}\, \dot{q}_1^2 \\
+ 2\omega_0^2 \,(M_{,q}\, q_1)\ddot{q}_1 & + 2\omega_0^2 \,(M_{,q}\, \dot{q}_1)\dot{q}_1 - \omega_0^2 \,\dot{q}_1 M_{,q}\, \dot{q}_1 = O.
\end{aligned} \tag{9.19}
$$

- ordre 3 :

Lorsque $\omega_0 = \beta$ et lorsque $\lambda_1 = \omega_1 = 0$, les équations d'ordre 3 s'écrivent :

$$
\begin{aligned}
\Gamma q_3 + \omega_2 \quad & (6\beta M \ddot{q}_1 - F_{,p}\, \dot{q}_1) \\
+ \lambda_2 \quad (3\beta^2 (M_{,q}\, q^{0'})\ddot{q}_1 & - 3 F_{,qq}\, q^{0'} q_1 - 2 F_{,q\lambda}\, q_1 - 3\beta F_{,pq}\, q^{0'} \dot{q}_1 - 2\beta F_{,p\lambda}\, \dot{q}_1) \\
+ 3\beta^2 \, (\, (M_{,qq}\, q_1 q_1)\ddot{q}_1 & + (M_{,q}\, q_2)\ddot{q}_1 + (M_{,q}\, q_1)\ddot{q}_2 + 2(M_{,qq}\, \dot{q}_1 q_1)\dot{q}_1 \\
+ (M_{,q}\, \dot{q}_2)\dot{q}_1 & + (M_{,q}\, \dot{q}_1)\dot{q}_2 - \frac{5}{6}\dot{q}_1 M_{,q}\, \dot{q}_2 - \frac{5}{6}\dot{q}_1 (M_{,qq}\, q_1)\dot{q}_1 \,) \\
& - 3(F_{,qq}\, q_1 q_2 + F'_{,pq}\,\beta \dot{q}_1 q_2 + F_{,pp}\, \beta^2 \dot{q}_1 \dot{q}_2) \\
- (F_{,qqq}\, q_1^3 & + 3\beta F_{,qqp}\, q_1^2 \dot{q}_1 + 3\beta^2 F_{,qpp}\, q_1 \dot{q}_1^2 + \beta^3 \, F_{,ppp}\, \dot{q}_1^3) = O.
\end{aligned} \tag{9.20}
$$

On introduit d'abord quelques éléments utiles pour la résolution des problèmes de différents ordres.

Soit V le vecteur propre associé à la valeur propre $s = i\beta$:

$$V = V_1 + iV_2. \tag{9.21}$$

Soit V^* le vecteur propre associé à la valeur propre conjuguée $\bar{s} = -i\beta$:

$$V^* = V_1^* + iV_2^* \tag{9.22}$$

du problème aux valeurs propres suivant :

$$[s^2 M + s N^t + K^t]V^* = O \quad \text{avec} \quad s = -i\beta \tag{9.23}$$

qui représente les équations transposées de (9.7).

La proposition suivante s'établit sans difficulté à partir de l'expression générale des solutions de (9.7) :

Proposition

Lorsque $\omega_0 = \beta$, le noyau de l'opérateur linéaire Γ est un espace vectoriel de dimension 2 engendré par les directions propres :

$$X_1 = V_1 \sin \tau + V_2 \cos \tau \quad , \quad X_2 = V_1 \cos \tau - V_2 \sin \tau. \tag{9.24}$$

On introduit aussi l'opérateur linéaire suivant :

$$\Gamma^t q = \omega_0^2 M \ddot{q} - \omega_0 N^t \dot{q} + K^t q \tag{9.25}$$

Γ, Γ^t sont deux opérateurs adjoints de $L(U^O)$ car on vérifie sans peine par intégrations par parties sur $[0, 2\pi]$ que :

$$(\Gamma^t(u) \, , \, v) = (u \, , \, \Gamma(v)) \quad \forall \quad u, v \in U^0. \tag{9.26}$$

La proposition suivante est aussi simple à établir :

Proposition

Lorsque $\omega_0 = \beta$, le noyau de l'opérateur Γ^t est un espace vectoriel de dimension 2 engendré par les directions :

$$X_1^* = V_1^* \sin \tau + V_2^* \cos \tau \quad , \quad X_2^* = V_1^* \cos \tau - V_2^* \sin \tau. \tag{9.27}$$

9.4.3   Démonstration du théorème de Hopf

Résolution du problème d'ordre 1

D'après (9.17), on doit avoir l'expression générale :

$$q_1 = ce^{\sigma \tau} + \bar{c}e^{\bar{\sigma} \tau}.$$

La condition de périodicité implique que $\sigma = i \, m \quad avec \quad m = 1, 2....$ Les hypothèses sur les valeurs propres de (9.7) impliquent alors que :

$$m \, \omega_0 = \beta, \quad \text{avec} \quad m = 1, 2, ...$$

Par définition de la période $T = \frac{2\pi}{\omega}$, la valeur qui convient correspond à la plus petite valeur possible de T soit :

$$\omega_0 = \beta. \tag{9.28}$$

Il en résulte que q_1 est un vecteur du noyau de Γ soit une combinaison linéaire quelconque de X_1 et X_2. Si l'on remarque que l'on passe de X_1 à X_2 en remplaçant τ par $\tau - \frac{\pi}{2}$, toute combinaison linéaire de ces deux vecteurs revient à ajouter une phase, ce qui est tout à fait naturel. Compte tenu de cette symétrie, il suffit de travailler avec une direction, par exemple X_1. On prend donc :

$$q_1 = X_1 \qquad (9.29)$$

pour fixer les idées.

Résolution du problème d'ordre 2

Comme dans les chapitres précédents, à tout ordre i, le problème à résoudre est de la forme :

$$\Gamma q_i = f_i.$$

L'opérateur Γ étant singulier, on rappelle que la condition nécessaire suivante, dite condition de compatibilité, obtenue en multipliant cette équation scalairement par X^*

$$(f_i \, , \, X^*) = 0 \ \forall \ X^* \ \in \ Ker \, (\Gamma^t)$$

est aussi condition suffisante pour assurer l'existence d'une solution.

De plus, on peut imposer la condition :

$$(q_i, X) = 0 \ \forall \ X \ \in Ker \, (\Gamma) \quad , \quad i = 2, 3, \dots$$

pour lever l'indétermination sur q_i et obtenir q_i d'une manière unique. Le paramètre ξ représente alors la composante de l'écart $q - q^0(\lambda)$ suivant le mode $\xi = (q - q^0(\lambda), X)$.

On obtient deux équations en multipliant f_2 par X_1^* et par X_2^* :

$$A_i \omega_1 + B_i \lambda_1 = 0, \quad i = 1, 2$$

avec

$$A_i = -(X_i^*, 4\beta M X_1 + F_{,p} X_2) \quad ,$$

$$B_i = 2(X_i^*, \beta^2 M_{,q} q^{0'} X_1 - F_{,qq} q^{0'} X_1 - F_{,q\lambda} X_1 - \beta F_{,pq} q^{0'} X_2 - \beta F_{,p\lambda} X_2 -).$$

ou encore :

$$A_1 = -2V_1^* \beta M V_1 - 2V_2^* \beta M V_2 + V_1^* N V_2 - V_2^* N V_1, \dots.$$

Montrons que l'hypothèse de transversalité implique que :

$$A_1 B_2 - A_2 B_1 \neq 0$$

de sorte que :

$$\omega_1 = 0 \ , \quad \lambda_1 = 0. \qquad (9.30)$$

En effet, la dérivation de l'équation aux valeurs propres :

$$[\, s^2 M + s N + K \,] \, V = O$$

par rapport à λ suivant la courbe triviale donne après multiplication par V^* :

$$\frac{ds}{d\lambda}V^*(i\beta M + N)V + V^*(i\beta D + C)V = 0$$

avec

$$C = K_{,q}\,q^{0'} + K_{,\lambda} - \beta^2 M_{,q}\,q^{0'} \quad , \quad D = N_{,q}\,q^{0'} + N_{,\lambda}\,.$$

Cette équation donne $\frac{ds}{d\lambda}$ sous la forme $\frac{ds}{d\lambda} = \frac{a}{b}$. L'hypothèse de transversalité se traduit par le fait que la partie réelle de $\frac{ds}{d\lambda}$ n'est pas nulle :

$$Re(a)\ Re(b) - Im(a)\ Im(b) \neq 0.$$

En développant le calcul, on vérifie que ceci implique effectivement :

$$A_1 B_2 - A_2 B_1 \neq 0 \quad.$$

Finalement, q_2 est défini par :

$$\Gamma q_2 = F_{,qq}\,X_1^2 + 2\beta F_{,pq}\,X_1 X_2 + \beta^2 F_{,pp}\,X_2^2. \tag{9.31}$$

avec la condition de normalité :

$$(\ q_2\ ,\ X_i\ ) = 0 \quad , \quad i = 1,2.$$

Résolution du problème d'ordre 3

L'équation (9.20) montre que la condition de compatibilité conduit maintenant à un système de deux équations linéaires en λ_2 et en ω_2 avec un second membre. Ce système est de Cramer d'après l'hypothèse de transversalité et permet de calculer ces deux inconnues.

Il est important de noter que si l'on change τ en $\tau + \pi$, alors X change en $-X$ et ξ change en $-\xi$. Le calcul des coefficients λ_{2m-1} et ω_{2m-1} du développement asymptotique montre cependant que ces coefficients ne changent pas de signe. Comme il s'agit du même développement, on en déduit que ces coefficients sont nécessairement nuls :

$$\lambda_{2m-1} = \omega_{2m-1} = 0 \ \ \forall\ m = 1,2,... \tag{9.32}$$

Cette situation est différente de celle obtenue en bifurcation statique où, d'après les formules (4.10) et (4.11) par exemple, le coefficient λ_1 change aussi de signe avec X.

Les relations (9.32) expliquent l'énoncé du théorème de Hopf car l'amplitude de la réponse périodique est proportionnelle à ξ. Ainsi, lorsque $\lambda_2 \neq 0$, l'amplitude de la réponse périodique varie comme $\sqrt{|\lambda - \lambda_c|}$.

Historiquement, le théorème a été donné par Hopf en 1942. Le lecteur peut consulter aussi la référence [63] où le texte original de Hopf a été traduit. Les premières idées sur la question proviennent des travaux antérieurs de Poincaré et d'Andronov. Ce théorème joue un rôle fondamental dans les études d'instabilité en aéronautique, en électricité et surtout en mécanique des fluides.

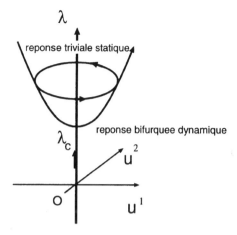

Figure 9.2: Bifurcation de Hopf

9.4.4 Echange de stabilité

Le résultat suivant est aussi valable en bifurcation dynamique :

Théorème

Moyennant les hypothèses de travail $H1, H2, H3$, la réponse périodique bifurquée est stable au voisinage du point critique si $\frac{d\alpha}{d\lambda}(\lambda_c)\ \lambda_2 > 0$.

Il s'agit de la stabilité d'une solution dynamique périodique. Chaque point de la courbe bifurquée correspond à une solution périodique stable. Ces solutions périodiques dynamiques peuvent être observées effectivement après la charge de bifurcation.

Nous admettons ce théorème dont la démonstration sort du cadre de ce cours. On peut la trouver dans les traités fondamentaux sur la théorie de bifurcation de la liste des références.

9.5 Exemples

9.5.1 Exemple élémentaire

Il s'agit d'un exemple élémentaire permettant d'illustrer les équations (9.2). On considère un système à deux paramètres régis par les équations différentielles :

$$\frac{dx_1}{dt} = -x_2 + x_1(\lambda - x_1^2 - x_2^2),$$

$$\frac{dx_2}{dt} = x_1 + x_2(\lambda - x_1^2 - x_2^2).$$

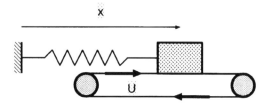

Figure 9.3: Oscillateur de van der Pol

En coordonnées polaires, ces équations s'écrivent :

$$\frac{dr}{dt} = r(\lambda - r^2) \quad , \quad \frac{d\theta}{dt} = 1.$$

La solution triviale indépendante du temps $\mathbf{x}^0(\lambda) = (0,0)$ $\forall\lambda$ est stable pour $\lambda < 0$, $\lambda_c = 0$ est la charge critique de bifurcation.

Elle bifurque vers une réponse périodique stable $(\theta = t, r = \sqrt{\lambda})$ pour $\lambda > 0$.

Pour une donnée initiale quelconque, les équations différentielles considérées définissent une courbe dans le plan (x_1, x_2) paramétrée par le temps. Cette courbe tend vers l'origine qui constitue un point attractif pour $\lambda < 0$. Pour $\lambda > 0$, ce point devient répulsif et la réponse dynamique tend vers le cercle $r = \sqrt{\lambda}$ qui est attractif.

9.5.2   Oscillateur de van der Pol

Il s'agit d'étudier le mouvement d'une masse M attachée par un ressort de rigidité K sur un tapis roulant à la vitesse U, la force de frottement étant supposée visqueuse :

$$f = \lambda(\dot{x} - U) + a(\dot{x} - U)^3.$$

Cette loi de frottement signifie que la force de frottement s'oppose au mouvement relatif (force passive) si $\lambda < 0$ et $a < 0$. Lorsque a et λ ont des signes contraires, la force résultante peut être passive ou active.

L'équation du mouvement est :

$$M\ddot{x} - \lambda(\dot{x} - U) - a(\dot{x} - U)^3) + Kx = 0$$

soit :

$$F = -Kx + \lambda(\dot{x} - U) + a(\dot{x} - U)^3.$$

Il existe une réponse triviale $x = x^0(\lambda)$ qui correspond à des équilibres :

$$x^0(\lambda) = -\frac{U}{K}(\lambda + aU^2).$$

La stabilité de ces positions d'équilibre s'obtient par l'étude de l'équation en s :

$$s^2 M - s(\lambda + 3aU^2) + K = 0,$$

soit :
$$s = \frac{\lambda + 3aU^2 \pm \sqrt{(\lambda + 3aU^2)^2 - 4KM}}{2M}.$$

Pour $\lambda = \lambda_c = -3aU^2$, une valeur propre s traverse l'axe imaginaire au point $i\beta$ avec $\beta = \sqrt{\frac{K}{M}}$ avec une vitesse par rapport à λ à partie réelle négative $\frac{d\alpha}{d\lambda}(\lambda_c) = \frac{1}{2M} > 0$.

L'hypothèse de transversalité est donc vérifiée.

Γ est l'opérateur $\Gamma x = K\ddot{x} + Kx$. On a ainsi :
$$V_1 = 1 \;\; , \;\; V_2 = 0 \;\; , \;\; x_1 = \sin\tau \;\; , \;\; \omega_0 = \sqrt{\frac{K}{M}}.$$

L'équation d'ordre 2 est :
$$K\ddot{x}_2 + Kx_2 - \omega_1\, 4\sqrt{KM}\;\; \sin\tau - \lambda_1\omega_0\;\; \cos\tau$$
$$+6aU\omega_0^2\; \cos^2\tau = 0,$$

ce qui conduit à :
$$\omega_1 = \lambda_1 = 0 \quad \text{et} \quad x_2 = -\frac{aU}{M}(3 - \cos 2\tau).$$

L'équation d'ordre 3 est :
$$K\ddot{x}_3 + Kx_3 - \omega_2\, 6\sqrt{KM}\sin\tau - \lambda_2\, \omega_0\cos\tau$$
$$-6a\omega_0^3\; \cos^3\tau + 24(\frac{aU}{M})^2 K\sin 2\tau\cos\tau = 0$$

ce qui conduit à :
$$\omega_2 = 2\omega_0\,(\frac{aU}{M})^2 \;\; , \;\; \lambda_2 = -\frac{9aK}{2M} \;\; , \;\; x_3 = \frac{3a\omega_0}{16M}\cos 3\tau + \frac{3}{2}(\frac{aU}{M})^2\sin 3\tau.$$

En résumé :

- si $a > 0$, la réponse triviale $x^0(\lambda) = \frac{U}{K}(\lambda + aU^2)$ est stable pour $\lambda < \lambda_c = -3aU^2$ et instable pour $\lambda > \lambda_c$.

Il existe une branche bifurquée de réponses périodiques instables définie par :
$$x(t) = -\frac{U}{K}(\lambda + aU^2) + \xi\;\; \sin\omega\, t - \frac{1}{2}\xi^2\;\frac{aU}{M}(3 - \cos 2\omega\, t)$$
$$+\xi^3\;(\;-\frac{a\omega_0}{32M}\cos 3\omega\, t + \frac{1}{4}(\frac{aU}{M})^2\sin 3\omega\, t\;),$$
$$\omega = \frac{2\pi}{T} = \sqrt{\frac{K}{M}}\;(\;1 + (\frac{aU}{M})^2\xi^2\;) + 0(\xi^3) \;\; ,$$
$$\lambda = -3aU^2 - \frac{9}{4}a\frac{K}{M}\;\xi^2 + ...$$

- si $a < 0$ et $\lambda < \lambda_c = -3aU^2$, l'équilibre trivial est stable.

- si $a < 0$ et $\lambda > \lambda_c$, l'équilibre trivial est instable. La courbe triviale bifurque au point critique vers une branche de réponses périodiques stables définie par les équations précédentes.

9.5.3   Charge suiveuse

Considérons de nouveau le système de deux barres - deux ressorts soumis dans un premier temps à la charge suiveuse d'amplitude λ du chapitre 1.

Pour éviter les confusions, les angles sont ici notés u et v avec $u = q^1$, $v = q^2$.

Les équations dynamiques du système sont :

$$-5\ddot{u} - 2\sin(u-v)\dot{v}^2 - 2\cos(u-v)\ddot{v} + \frac{2\lambda}{ma}\sin(u-v) + \frac{k}{ma^2}(-2u+v) = 0,$$

$$-\ddot{v} + 2\sin(u-v)\dot{u}^2 - 2\cos(u-v)\ddot{u} + \frac{k}{ma^2}(u-v) = 0.$$

On sait déjà que l'étude de l'équation aux vecteurs propres (9.7) associée aux équilibres triviaux $u^0 = 0$, $v^0 = 0$ $\forall\ \lambda$ est :

$$\left[\begin{array}{cc} -5s^2 + \frac{2\lambda}{ma} - \frac{2k}{ma^2} & -2s^2 - \frac{2\lambda}{ma} + \frac{k}{ma^2} \\ -2s^2 + \frac{k}{ma^2} & -s^2 - \frac{k}{ma^2} \end{array} \right] \left[\begin{array}{c} V_u \\ V_v \end{array} \right] = \left[\begin{array}{c} 0 \\ 0 \end{array} \right].$$

conduit à la valeur critique $\lambda_c = \frac{3k}{2a}$. Les valeurs propres associées à cette position sont doubles avec $s = \pm\frac{i}{a}\sqrt{\frac{k}{m}}$. Elles sont associées à une seule direction propre réelle :

$$V = V_1 = \left[\begin{array}{c} 0 \\ 1 \end{array} \right], \quad \text{avec} \quad V^* = V_1^* = \left[\begin{array}{c} 1 \\ -2 \end{array} \right].$$

On a $\beta = \frac{1}{a}\sqrt{\frac{k}{m}}$. Comme la partie réelle $\alpha(\lambda)$ de $s(\lambda)$ varie comme $\sqrt{\lambda - \lambda_c}$, l'hypothèse de transversalité est vérifiée avec cependant une vitesse infinie au point critique. On n'est pas dans les conditions d'application du théorème de Hopf. D'une manière générale, le théorème de Hopf concerne principalement les systèmes visqueux et ne s'applique pas aux cas des systèmes purement élastiques, conservatifs ou non conservatifs.

Par exemple, le développement (9.15) n'est pas valable car il conduit à tous les ordres à des systèmes de deux équations indéterminés.

Le flambage statique du même système, soumis maintenant à une charge verticale descendante (donc conservative) $\lambda \times \frac{k}{a}$ et une charge suiveuse d'amplitude $\mu \times \frac{k}{2a}$ fixée, peut être discuté suivant les résultats de la sous-section (9.3.2). Il s'agit d'un système non conservatif :

Dans ce cas on a :

$$F = \left[\begin{array}{c} \mu\ \sin(u-v) + \lambda\ \sin u \\ \lambda\ \sin v \end{array} \right].$$

L'équation $KX = O$ conduit à la valeur critique :

$$\lambda_c = \frac{3 - \mu - \sqrt{5 + 2\mu + \mu^2}}{2}$$

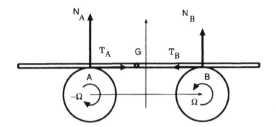

Figure 9.4: Frottement sec et mouvements auto-entretenus

et au mode :

$$X = \begin{bmatrix} \frac{\lambda_c - 1}{2} \\ 1 \end{bmatrix} \quad \text{avec} \quad X^* = \begin{bmatrix} \frac{1-\lambda_c}{2(1+\mu)} \\ 1 \end{bmatrix}$$

ce qui conduit à :

$$D = 1 - \frac{(\lambda_c - 1)^2}{4(1-\mu)} \quad , \quad \lambda_1 = 0.$$

Cette discussion montre que l'hypothèse de systèmes conservatifs simplifie bien le calcul mais n'est pas indispensable dans l'étude du flambage statique.

9.5.4　Frottement sec et mouvements auto-entretenus

Considérons le système de la fig.(9.4) (Travaux pratiques de Mécanique de l'Ecole Polytechnique) comportant une barre homogène et pesante. Cette barre repose d'une façon horizontale sur deux roues de rayon R, tournant avec une vitesse angulaire $\pm\Omega$. Soient 2ℓ la distance entre les roues, $x\ell$ l'abscisse du centre de gravité de la barre.

Si Ω est grand, les réactions tangentielles dues aux frottements sont toujours dirigées vers le centre :

$$T_A = f_A N_A \quad , \quad T_B = -f_B N_B \quad , \quad N_A = \frac{mg}{2}(1-x) \quad , \quad N_B = \frac{mg}{2}(1+x)$$

où f_A et f_B désignent respectivement les coefficients de frottement sec de Coulomb en A et B.

On suppose que le coefficient de frottement dépend de la vitesse de glissement relative w par la relation :

$$f = f_0 + \frac{a}{\ell}\mid w \mid + \frac{b}{\ell^2}w^2 > 0.$$

La vitesse de glissement relative est $\ell\dot{x} - R\Omega$ en A et $\ell\dot{x} + R\Omega$ en B. L'équation de mouvement de la barre est donc :

$$\frac{\ell}{g}\ddot{x} + (a + 2b\lambda)\dot{x} + (f_0 + a\lambda + b\lambda^2)x + b\dot{x}^2x = 0$$

en posant $\lambda = \frac{R\Omega}{\ell}$.

Il existe donc une réponse statique triviale $x^0(\lambda) = 0 \ \forall \ \lambda$. On se propose d'étudier sa stabilité et sa bifurcation en fonction du paramètre de contrôle λ.

L'équation en s associée à la solution triviale est :

$$\frac{\ell}{g}s^2 + (a + 2b\lambda)s + f_0 + a\lambda + b\lambda^2 = 0.$$

L'équilibre statique trivial est donc stable si $a + 2b\lambda > 0$. A la valeur critique $\lambda_c = -\frac{a}{2b}$, on a la condition de transversalité car $Re(\frac{ds}{d\lambda})(\lambda_c) = -\frac{bg}{\ell}$.

La bifurcation se Hopf de la branche triviale s'obtient à partir des équations de bifurcation de différents ordres.

L'équation d'ordre 1 est :

$$\Gamma x_1 = \frac{\ell}{g}\omega_0^2 \ddot{x}_1 + (f_0 + a\lambda + b\lambda^2)x = 0$$

avec $\omega_0 = \sqrt{\frac{g(f_0 + a\lambda_c + b\lambda_c^2)}{\ell}}$.

L'équation d'ordre 2 est :

$$\Gamma x_2 + \omega_1 4\frac{\ell}{g}\omega_0 \ddot{x}_1 + \lambda_1((a + 2b)x_1 + 4b\omega_0\dot{x}_1) = 0$$

et conduit à $\omega_1 = \lambda_1 = 0$. L'équation d'ordre 3 est :

$$\Gamma x_3 + \omega_2 6\omega_0 \frac{\ell}{g}\ddot{x}_1 + \lambda_2(6b\omega_0\dot{x}_1 + (a + 2b)x_1) + 6b\omega_0^2\dot{x}_1^2 x_1 = 0$$

et conduit à $\lambda_2 = 0$ et à $\omega_2 \neq 0$.

On obtient :

$$x = \xi \sin \ \omega t + \xi^3 \frac{bg}{32\ell} \sin \ 3\omega t,$$

$$\lambda = \frac{-a}{2b} + o(\xi^3),$$

$$\omega = \omega_0(1 + \frac{bg}{8\ell}\xi^2) + o(\xi^3).$$

Lorsque $a < 0$ (cas du frottement acier-laiton par exemple), l'équilibre trivial est stabilisé pour des grandes vitesses de rotation si $b > 0$.

Lorsque $a > 0$ (cas du frottement laiton-téflon par exemple), l'équilibre trivial est déstabilisé par la vitesse de rotation si $b < 0$. La réponse bifurque alors vers une réponse dynamique dont la stabilité s'obtient à partir du signe de λ_4.

Chapitre 10

Quelques aspects numériques

On étudie dans ce chapitre quelques aspects numériques du calcul de flambage des structures élastiques sous chargements conservatifs. La détermination numérique de la charge critique et du mode de flambage est le premier problème à résoudre. On doit calculer la plus grande valeur propre d'un problème de vecteur propre généralisé. Le principe de base de la résolution numérique est donné : discrétisation, calcul itératif par la méthode des puissances inverses. Le flambage des structures de révolution est considéré et illustré par quelques exemples d'application. Enfin, la détermination numérique d'une courbe d'équilibres est discutée et illustrée.

10.1   Analyse de flambage des structures

10.1.1   Rappels

On a vu dans les chapitres précédents que les charges critiques λ_c et les modes de flambage X sont déterminés par :

$$E_{,uu}\left(u_c, \lambda_c\right)\left[X, \delta u\right] = 0 \qquad \forall \, \delta u. \tag{10.1}$$

Pour un solide élastique de densité d'énergie $w(\epsilon)$, occupant un volume Ω à l'état de référence, le problème à résoudre (10.1) s'écrit explicitement sous la forme :

$$\int_\Omega \left\{\left(\ell\left(\delta u\right) + q\left(u_c, \delta u\right)\right).w_{,\epsilon\epsilon}.\left(\ell\left(X\right) + q\left(u_c, X\right)\right) + \sigma\left(u_c\right).q\left(X, \delta u\right)\right\} d\Omega = 0 \tag{10.2}$$

à laquelle s'associent naturellement deux formes bilinéaires symétriques.

La première forme s'écrit :

$$K^0\left[\delta u, \delta u\right] = \int_\Omega \left\{\left(\ell\left(\delta u\right) + q\left(u, \delta u\right)\right).w_{,\epsilon\epsilon}.\left(\ell\left(\delta u\right) + q\left(u, \delta u\right)\right)\right\} d\Omega \tag{10.3}$$

et s'appelle habituellement la **rigidité élastique** du solide associée à l'état de déplacement u .

La seconde forme :

$$K^\sigma \left[\delta u, \delta u \right] = \int_\Omega \sigma(u).q\left(\delta u, \delta u \right) d\Omega \qquad (10.4)$$

s'appelle habituellement la **rigidité géométrique** du solide associée à l'état de contraintes $\sigma\left(u\right)$.

Le matériau étant supposé stable, le tenseur des coefficients élastiques tangents $w_{,\epsilon\epsilon}$ est toujours défini positif. Il en résulte que la forme quadratique K^0 est définie positive.

10.1.2   Problème à résoudre

Dans la pratique, le problème à résoudre est le suivant :

Le recours au calcul numérique est souvent indispensable car la réponse de la structure est nonlinéaire dans la plupart des applications.

Lorsque le paramètre de contrôle λ croit à partir de 0, on essaie de suivre une branche d'équilibres (qu'on ne connait pas a priori !) par des incréments successifs $(\Delta\lambda, \Delta u)$ en partant d'un état initial donné.

A chaque étape (u, λ) , il faut en particulier détecter si cet équilibre est un point régulier ou point critique de cette branche.

Il s'agit d'un point critique si le problème variationnel :

$$K^0\left[X, \delta u\right] + K^\sigma\left[X, \delta u\right] = 0 \qquad \forall\, \delta u \qquad (10.5)$$

admet une solution non nulle $X \neq O$.

Pour cela, on associe à (10.5) un problème au vecteur propre généralisé :

Chercher les couples (μ, X) tels que :

$$\mu K^0\left[X, \delta u\right] + K^\sigma\left[X, \delta u\right] = 0 \qquad \forall\, \delta u. \qquad (10.6)$$

Soit μ_1 la plus grande valeur propre obtenue après la résolution du problème (10.6).

D'après sa définition, on sait que :

$$\mu_1 = \max_v \quad -\frac{K^\sigma\left[v, v\right]}{K^0\left[v, v\right]} \qquad (10.7)$$

par conséquent :

$$\mu_1 K^0\left[v, v\right] + K^\sigma\left[v, v\right] \geq 0 \qquad \forall\, v. \qquad (10.8)$$

- Si $\mu_1 < 1$, on a alors :

$$K^0\left[v, v\right] + K^\sigma\left[v, v\right] = \mu_1 K^0\left[v, v\right] + K^\sigma\left[v, v\right] + \left(1 - \mu_1\right) K^0\left[v, v\right] \geq 0$$

d'après (10.8) et la positivité de K^0. Il en résulte que l'équilibre considéré est stable et correspond à un point régulier.

- Si $\mu_1 > 1$, soit X_1 le vecteur propre associé.

Comme on a :

$$K^0[X_1, X_1] + K^\sigma[X_1, X_1] =$$
$$\mu_1 K^0[X_1, X_1] + K^\sigma[X_1, X_1] + (1 - \mu_1) K^0[X_1, X_1]$$
$$= (1 - \mu_1) K^0[X_1, X_1] < 0,$$

l'équilibre considéré est instable.

Les points critiques (points limites ou points de bifurcation) sont caractérisés par $\mu_1 = 1$.

On essaie donc de construire la courbe $\mu_1(\lambda)$ point par point. L'intersection de cette courbe avec la droite $\mu_1 = 1$ fournit la charge critique de flambage.

Remarques

Si l'hypothèse de faibles pré-déformations H4 est admise, on sait que $\sigma(u) = \lambda \Sigma^0$. La résolution d'un problème analogue à (10.8) :

$$\mu K^0[X, v] + K^{\Sigma^0}[X, v] = 0 \qquad \forall\, v \qquad (10.9)$$

fournit directement $\lambda_c = \frac{1}{\mu_1}$.

10.2 Méthodes numériques

10.2.1 Méthodes numériques

Comment faut-il procéder pour obtenir par le calcul numérique la plus grande valeur propre μ_1 et le vecteur propre associé X_1 du problème (10.6) ?

Les principales étapes sont les suivantes :

Discrétisation

Il faut d'abord discrétiser les inconnues, en cherchant X sous la forme $X = X_i N_i$ dans un espace vectoriel V_n de dimension n engendré par les déplacements N_i , $i = 1, n$ permettant d'approcher l'ensemble des déplacements admissibles quand n devient grand . Une discrétisation par éléments finis par exemple permet de construire rapidement un tel espace.

Cette discrétisation étant supposée réalisée, on est amené à l'étude d'une équation matricielle dans R_n :

$$\mu K^0 X + K^\sigma X = O \qquad (10.10)$$

en notant encore d'une façon abusive par X la matrice colonne des composantes X_i, et par K^0, K^σ les matrices :

$$K_{ij}^0 = K^0[N_i, N_j] \quad , \quad K_{ij}^\sigma = K^\sigma[N_i, N_j].$$

Méthode des puissances inverses

Pour résoudre le problème au vecteur propre (10.10), en particulier pour calculer le couple (μ_1, X_1), la méthode des puissances inverses est souvent utilisée. La difficulté provient du fait que la matrice K_σ est a priori arbitraire.

On introduit deux séquences de vecteurs $Y_1, Y_2, \ldots$ et $Z_1, Z_2, \ldots$ en itérant de la manière suivante :

$$Y_0 \text{ arbitraire} \quad , \quad Z_0 = \frac{Y_0}{\|Y_0\|} \qquad avec \quad \|Y\| = (Y^t K^0 Y)^{\frac{1}{2}},$$
$$K^0 Y_{i+1} = K^\sigma Z_i \quad , \quad Z_{i+1} = \frac{Y_i}{\|Y_i\|}. \tag{10.11}$$

A chaque étape i, il faut résoudre ainsi un système linéaire avec la même matrice K^0 et un second membre variable.

On a alors la proposition suivante :

Proposition

Z_i *tend vers* X_m *et* $R(Z_i) = -\frac{Z_i K^\sigma Z_i}{Z_i K^0 Z_i}$ *tend vers* μ_m *quand i devient grand, où* μ_m *désigne la valeur propre de plus grand module.*

Cette proposition se démontre immédiatement en utilisant la base propre de (10.10) .

Si la matrice $-K^\sigma$ est aussi non négative (c'est souvent le cas), toutes les valeurs propres de (10.10) sont alors non négatives et $\mu_m = \mu_1$, la méthode des puissances inverses permet d'obtenir μ_1 directement, à peu de frais.

Si μ_1 n'est pas la valeur propre de plus grand module, on peut encore appliquer la méthode des puissances inverses en introduisant par exemple un décalage de l'origine . Pour cela, on remplace les équations (10.10) par :

$$(\mu + \beta) K^0 X + (K^\sigma - \beta K^0) X = O \tag{10.12}$$

en travaillant avec une nouvelle matrice, K^σ étant remplacé par $K^\sigma - \beta K^0$.

Par rapport aux équations (10.10), les valeurs propres se sont décalées de β avec les mêmes vecteurs propres associés.

Le coefficient β est choisi au mieux, par tatonnement pour que $\mu_1 + \beta$ soit la valeur propre de plus grand module. En fait, la méthode des puissances inverses fournit déjà une valeur approchée de μ_m . Si μ_m est négatif, il suffit de prendre $\beta = -u_m$ pour décaler cette valeur propre indésirable vers zéro.

Même pour des exemples relativement complexes, la convergence de la méthode des puissances inverses est très rapide. Souvent, une dizaine d'itérations suffit pour obtenir X_1 et μ_1.

10.2.2 Exemples

Poutre droite sous compression axiale

Reprenons l'exemple d'une poutre droite en compression du chapitre 5 en changeant légèrement les conditions aux limites. Les conditions d'appuis envisagées ici correspondent à une poutre encastrée à l'extrémité O, l'extrémité A étant libre.

Les conditions aux limites imposées sont donc :

$$u(0) = v(0) = v'(0) = 0. \tag{10.13}$$

D'après les résultats du chapitre 5, le mode de flambage $X = (U, V)$ et la charge critique λ_c sont donnés par les équations variationnelles :

$$\int_0^L \left\{ ESU'\delta u' + EIV''\delta v'' - \lambda_c V'\delta v' \right\} dx = 0 \tag{10.14}$$

où $U, V, \delta u$ et δv satisfont à des conditions aux limites (10.13).

L'hypothèse de faibles pré-déformations étant valable, on est dans le cadre des équations (10.9) et K^0 représente la forme bilinéaire :

$$K^0 \left[(U, V), (\delta u, \delta v) \right] = \int_0^L \left(ESU'\delta u' + EIV''\delta v'' \right) \ dx,$$

K^{Σ^0} la forme bilinéaire :

$$K^{\Sigma^0} [V, \delta v] = -\lambda \int_0^L V'\delta v' \ dx.$$

La résolution de (10.14) conduit à :

$$U(x) = 0 \ , \ \ V(x) = 1 - \cos \frac{\pi}{2} \frac{x}{L} \ , \ \ \lambda_c = \frac{EI\pi^2}{4L^2} \simeq 2.467 \frac{EI}{L^2}.$$

On se propose de calculer numériquement ces résultats en cherchant par exemple les modes parmi les fonctions de la forme :

$$\begin{aligned} V = ax^3 + bLx^2 & \quad , \quad & U = cx, \\ \delta v = \delta a x^3 + \delta b L x^2 & \quad , \quad & \delta u = \delta c x \end{aligned} \tag{10.15}$$

qui satisfont les conditions aux limites imposées (10.13), les inconnues a,b,c sont à choisir au mieux.

Remplaçant (10.15) dans (10.14), on obtient les équations au vecteur propre permettant de calculer $\mu_1 = \frac{1}{\lambda_c}$ et les inconnues de déplacement a,b,c :

$$\left\{ \mu \begin{bmatrix} 12EIL^3 & 6EIL^3 & 0 \\ 6EIL^3 & 4EIL^3 & 0 \\ 0 & 0 & ESL \end{bmatrix} - \begin{bmatrix} \frac{9}{5}L^5 & \frac{3}{2}L^5 & 0 \\ \frac{3}{2}L^5 & \frac{4}{3}L^5 & 0 \\ 0 & 0 & 0 \end{bmatrix} \right\} \begin{bmatrix} a \\ b \\ c \end{bmatrix} = \begin{bmatrix} 0 \\ 0 \\ 0 \end{bmatrix}.$$

Les valeurs propres μ s'obtiennent en annulant le déterminant de la matrice obtenue :

$$\mu_{\pm} = \frac{3L^2}{EI\left(13 \pm 2\sqrt{31}\right)}$$

de sorte que $\lambda_c = \frac{1}{\mu_1} = \frac{13 - 2\sqrt{31}}{3} \cdot \frac{EI}{L^2} \simeq 2.486 \frac{EI}{L^2}$

On a obtenu une approximation par excès de la charge critique.

Le mode de flambage calculé correspond au vecteur propre associé :

$$a = \frac{\sqrt{31} - 11}{18} = -0.3017 , \quad b = 1 , \quad c = 0$$

et constitue une bonne approximation de la solution exacte.

Pour illustrer la convergence de la méthode des puissances inverses, on construit la suite $Z_1, Z_2, ...$ en partant de $Y_0 = (1, 0, 0)$. Le calcul numérique donne alors :

$Z_1 = (-0.1889, 0.7559, 0.), \quad R(Z_1) = 0.25150,$
$Z_2 = (-0.2442, 0.8194, 0.), \quad R(Z_2) = 0.24861,$
$Z_3 = (-0.2484, 0.8240, 0.), \quad R(Z_3) = 0.24860,$
$Z_4 = (-0.2487, 0.8243, 0.), \quad R(Z_4) = 0.24860,$
$Z_5 = (-0.2487, 0.8243, 0.), \quad R(Z_5) = 0.24860.$

La convergence vers la solution discrète exacte s'obtient pratiquement au bout de 4 itérations !

Exercice : Flambage d'une tige flexible sous son poids propre

On sort une portion de longueur λ d'un mètre flexible enroulé de sa boite et on la met dans la position verticale ascendante. Sous l'action de la pesanteur, on sait que cette portion ne doit pas être trop longue car elle se pliera sous son poids propre et ne restera pas debout. On souhaite dans cet exercice déterminer la longueur critique correspondante.

1.- Soit m la masse linéique du mètre. En utilisant le modèle de l'elastica, montrer que l'énergie potentielle totale du système est :

$$E(\theta, \lambda) = \int_0^\lambda (\frac{1}{2} k \theta'^2 + mgz(s)) \ ds$$

où $z(s) = \int_0^s \cos\theta(t) \ dt$.

2.- En intégrant par parties, montrer que l'énergie s'écrit aussi :

$$E(\theta, \lambda) = \int_0^\lambda (\frac{1}{2} k \theta'^2 + (\lambda - s) \cos\theta) \ ds.$$

3.- Formuler les équations donnant la longueur critique de flambage.

4.- Donner une approximation de la longueur critique en cherchant à approximer le mode de flambage par un polynôme de degré 3.

(Réponse : on trouve une longueur critique voisine de $\lambda_c = (7.83\frac{k}{mg})^{\frac{1}{3}}$),
[88].

10.3   Flambage des structures de révolution

Les structures axi-symétriques se rencontrent fréquemment dans la pratique de l'ingénieur. La symétrie de révolution permet de ramener l'étude d'une structure tri-dimensionnelle à une analyse bidimensionnelle dans une section méridienne grâce à l'utilisation des séries de Fourier. L'analyse de flambage de ces structures est ici considérée à titre d'exemple pour illustrer cet important aspect du calcul des structures.

10.3.1   Développement en série de Fourier

En coordonnées cylindriques (r, θ, z), on décompose le déplacement u en série de Fourier sous la forme :

$$u = u_0 + \sum_{n=1}^{\infty} u_n^c \, \cos n\theta + u_n^s \, \sin n\theta$$

où u_0 , u_n^c et u_n^s sont des fonctions de (r,z) définies sur la section méridienne S de la structure, cette section engendre le volume Ω de la structure par rotation autour de l'axe Oz.

Pour simplifier les notations, on adopte l'écriture condensée suivante :

$$u = \sum_{n=0}^{\infty} u_n \, cs \, n\theta$$

les u_n étant des vecteurs à deux composantes indépendants de θ.

Cette expression conduit à écrire les parties linéaire et quadratique de la déformation sous la forme :

$$\ell(u) = \sum_{n=0}^{\infty} \epsilon_n^\ell \, cs \, n\theta,$$

$$\frac{1}{2} \, q(u, u) = \sum_{i=0}^{\infty} \sum_{j=0}^{\infty} \epsilon_{ij}^q \, cs \, i\theta \, cs \, j\theta$$

où les fonctions ϵ_n^ℓ et ϵ_n^q sont définies à partir de l'expression générale de $\ell(u)$ et de $q(u, u)$ après diverses dérivations et arrangements de termes.

De même, on a :

$$\sigma = \sum_{n=0}^{\infty} \sigma_n \, cs \, n\theta.$$

Menons le calcul lorsque les pré-déformations sont faibles pour qu'on puisse négliger $q(u, \delta u)$ devant $\ell(\delta u)$ dans l'expression de la matrice de rigidté K^0.

L'hypothèse de symétrie de révolution suppose que le matériau admet aussi des caractéristiques élatiques de révolution c'est à dire indépendantes de θ.

Dans ce cas, la forme quadratique de rigidité élastique s'écrit :

$$K^0\,[\delta u, \delta u] = \int_\Omega \ell(\delta u)\ .\ L\ .\ \ell(\delta u)\ d\Omega$$

$$= \int_0^{2\pi} d\theta \int_S \sum_{ij} \epsilon_i^\ell\ .\ L\ .\ \epsilon_j^\ell\ cs\ i\theta\ cs\ j\theta\ dS$$

$$= \sum_{ij} \pi\ \delta_{ij} \int_S \epsilon_i^\ell\ .\ L\ .\ \epsilon_j^\ell\ dS$$

où L désigne la matrice des coefficients élastiques $w_{,\epsilon\epsilon}$, et δ_{ij} est donné par convention par :

$$\delta_{ij} = 2\ si\ i = j = 0, \quad = 1\ si\ i = j\ et\ = 0\ si\ i \neq j.$$

Finalement, on a donc :

$$K^0\,[\delta u, \delta u] = \sum_{i=0}^\infty K_i^0\,[\delta u_i, \delta u_i].$$

Le même calcul conduit à :

$$K^\sigma[\delta u, \delta u] =$$

$$\sum_{ijk} \int_0^{2\pi} cs\ i\theta\ cs\ j\theta\ cs\ k\theta \int_S \sigma_i\ q[\delta u_j\ ,\ \delta u_k\,]\ dS.$$

Il en résulte que :

$$K^\sigma[\delta u\ ,\ \delta u] = \sum_{ijk} K^{\sigma_i}\,[\delta u_j\ ,\ \delta u_k].$$

On constate un couplage des modes de Fourier lorsque la contrainte actuelle ne possède pas la symétrie de révolution. C'est le cas lorsque la charge appliquée ne possède pas la même symétrie.

Cas d'un chargement axi-symétrique

Si le chargement est axi-symétrique, σ est indépendant de θ, on doit supprimer les indices i dans l'expression précédente de K^σ. On obtient alors :

$$K^\sigma[\delta u\ ,\ \delta u] = \sum_i K_i^\sigma\,[\delta u_i\ ,\ \delta u_i].$$

Le problème de vecteur propre à résoudre devient :

$$\sum_{i=0}^{\infty} [\ \mu K_i^0 + K_i^\sigma\ ]\ X = O.$$

La résolution de ce problème s'effectue mode par mode de la façon suivante :

Pour tout $i \geq 0$, on détermine la valeur propre μ_i du problème au vecteur propre :

$$[\ \mu_i K_i^0 + K_i^\sigma\ ]\ X_i = O.$$

La plus petite valeur de $\lambda_i = \frac{1}{\mu_i}$ fournit alors la charge critique et le mode de flambage.

Cas d'un chargement non axi-symétrique

Il n'y a pas de découplage des modes comme dans le cas particulier précédent. Le mode de flambage admet le développement :

$$X = \sum_{m=0}^{\infty} X_m\ cs\ m\ \theta.$$

Dans la pratique, on se limite à une fenêtre de $2k+1$ modes centrée sur le mode i et on résout le problème approché :

$$\mu_i \sum_{m=i-k}^{i+k} K_m^0\ X_m + \sum_{i-k \leq \ell, m, n \leq i+k} K_{mn}^{\sigma\ell}\ X_n = O$$

pour chaque mode i. De nouveau, la plus petite valeur de λ_i fournit la charge critique et le mode de flambage.

10.3.2   Quelques illustrations numériques

Flambage d'une coque cylindrique sous pression externe

On étudie à titre d'exemple le flambage d'un cylindre en aluminium aux caractéristiques suivantes : rayon = 0.1 m, hauteur = 0.82 m, épaisseur = 0.001 m, $E = 6.610^4$ MPa, $\nu = 0.3, \rho = 2700$ kg/m^3. soumis à une pression externe. La structure comme le chargement sont axi-symétriques. Il s'agit d'un sujet de Travaux Pratiques proposé à l'École Polytechnique dans le cadre de l'enseignement de Mécanique.

Le calcul numérique permet d'étudier l'influence des conditions d'appuis aux extrémités. La fig.(10.1) présente les modes de flambage calculés pour le cylindre simplement appuyé ou libre à une extrémité.

Dans le cas du cylindre encastré, le calcul permet de vérifier que pour une épaisseur $e_0 = 0.001$ m, le cylindre flambe dans le domaine élastique. Pour simuler un flambage dans le domaine plastique, une loi de comportement élastique nonlinéaire est adoptée (loi de Hencky-Mises).

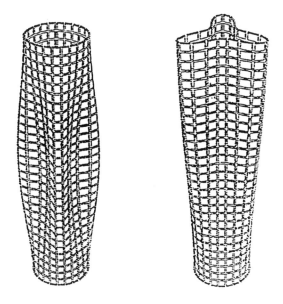

Figure 10.1: Flambage d'un cylindre sous pression externe

On constate que le mode de flambage passe de 4 à 3 pour des épaisseurs allant de $2e_0$ à $4e_0$ puis à 2 pour des épaisseurs supérieures.

Le montage expérimental consiste à fermer les extrémités du cylindre par deux plaques épaisses soudées à la coque et à faire un vide partiel avec une pompe pour réaliser la surpression externe. Pour mesurer la charge critique de flambage, deux méthodes ont été testées.

- La méthode dynamique consiste à exciter le cylindre et à relever ses premières fréquences propres de vibration pour différentes surpressions externes p. Les courbes expérimentales $w_i(p)$ permettent par extrapolation de déterminer la charge critique de flambage.

En effet, on rappelle que les vibrations propres de la même structure chargée sont définies par les équations :

$$[K - w^2 M] Z = [0]$$

où $\mathbf{Z}$ est un mode propre de vibration de pulsation w et $[\mathbf{M}]$ désigne la matrice de masse, K la matrice de rigidité $K^0 + K^\sigma$.

Le moment où la matrice $[K]$ perd sa positivité est aussi le moment où la structure admet une pulsation propre nulle. On peut donc évaluer la charge critique de flambage en cherchant à détecter la plus faible surpression à laquelle une pulsation propre s'annule !

On essaie donc de construire expérimentalement les courbes $p\left(w^2\right)$ par des essais non destructifs à faible pression. Une extrapolation des courbes obtenues à l'origine $w^2 = 0$ par des droites fournit alors la surpression critique qui est la plus faible des ordonnées $p(0)$ extrapolées.

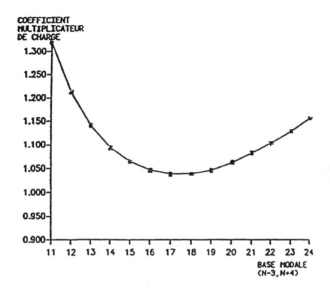

Figure 10.2: Recherche du mode critique

Si la surpression est augmentée jusqu'à l'implosion visible du cylindre, on peut aussi mesurer une pression critique expérimentale de flambage. On a obtenu $p_c^{exp} = 0.83\ 10^5$Pa et le mode 4 (ou 3 selon le test et l'échantillon).

Flambage d'une coque cylindrique en cisaillement

Des tests de flambage de coques cylindriques sous l'effet d'un chargement transversal de cisaillement ont été effectués et interprétés numériquement par la méthode des éléments finis avec le code Castem 2000 du CEA [21]. On reproduit ici un résultat de calcul (stage d'élève de l'Ecole Polytechnique) :

La coque, de caractéristiques : épaisseur $t = 0.28mm$, rayon $r = 1072.4\ t$, hauteur $L = 2.87\ r$, module d'Young 2.1 10^5 MPa, coefficient de Poisson $\nu = 0.3$, est encastrée aux extrémités $z = 0$ et $z = L$.

Elle est soumise à un effort transversal de module λQ_{exp}, $Q_{exp} = 0.586kN$ étant la charge de flambage mesurée expérimentalement, on s'attend donc à trouver par le calcul un facteur de charge critique λ_c proche de 1, cf. fig.(10.2).

Le calcul donne $\lambda_c = 1.005$ pour la fenêtre modale (11 - 18) et $\lambda_c = 0.983$ pour une fenêtre plus large (9 - 20),

Le mode de flambage obtenu est donné sur la fig.(10.3).

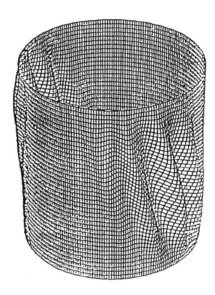

Figure 10.3: Flambage du cylindre cisaillé

10.4   Calcul de la réponse statique nonlinéaire

La construction effective de la (ou les) courbe d'équilibres passant par une position d'équilibre initiale donnée est, comme on a vu dans les chapitres précédents, un problème complexe à cause de la nonlinéarité des équations définissant les équilibres et de la possibilité de rencontrer des phénomènes d'instabilité ou de bifurcation.

Dans les exemples complexes, le recours au calcul numérique est inévitable. Pour construire la réponse statique passant par une position d'équilibre donnée, deux familles de méthodes numériques existent a priori, basées respectivement sur le calcul pas à pas et sur le développement asymptotique .

Pour simplifier la présentation, on se limite aux cas où l'équation d'équilibre s'écrit sous la forme :

$$F(u, \lambda) = \lambda p + P(u) = 0 \qquad (10.16)$$

ce qui signifie que les efforts contrôlés dérivent d'un potentiel linéaire en u.

10.4.1   Méthodes incrémentales

La méthode incrémentale consiste à approcher une courbe d'équilibres par des incréments successifs Δu associés à des incréments du paramètre de charge $\Delta\lambda$.

Le problème incrémental c'est à dire le calcul de Δu associé à $\Delta\lambda$ est un problème nonlinéaire car les équations d'équilibres sont nonlinéaires. Il est nécessaire de procéder par itérations successives. Plusieurs méthodes ont été

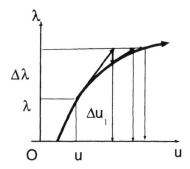

Figure 10.4: Méthode de Newton-Raphson

proposées .

Méthode de Newton-Raphson

Pour des petits incréments, Δu peut être assimilé à $\dot{u}\,\Delta t$ et $\Delta\lambda$ assimilé à $\dot{\lambda}\,\Delta t$ de sorte que une première approximation consiste à résoudre le problème en vitesses (5.2) :

$$K^0\,\Delta u_1 + p.\Delta\lambda_1 = 0 \qquad (10.17)$$

où $K = -P_{,u}$ et l'indice 0 rapporte à l'état initial.

Comme l'état $(u^0 + \Delta u,\ \lambda^1)$ avec $\lambda^1 = \lambda^0 + \Delta\lambda_1$ ainsi obtenu ne satisfait pas nécessairement l'équilibre, on procède à l'étape suivante qui consiste à corriger ces prédictions par des itérations successives.

On définit les états intermédiaires d'indice i $(u_i\ ,\ \lambda + \Delta\lambda_i)$ donnés par :

$$u_i = u_{i-1} + \Delta u_i$$

en résolvant :

$$K_{i-1}\,\Delta u_i + P_{i-1} + p\,\Delta\lambda_i = 0$$

avec $\Delta\lambda_i = \Delta\lambda$.

La fig.(10.4) montre schématiquement que, au voisinage d'un état initial régulier u^0, la suite u_i converge vers l'état d'équilibre u^1.

Il est clair aussi que cette méthode a des difficultés au voisinage d'un point limite ou d'un point de bifurcation.

Contrôle de longueur d'arc

Pour éviter ces difficultés, des améliorations de la méthode de Newton-Raphson ont été proposées avec l'introduction d'un contrôle de longueur d'arc de courbe d'équilibres .

Dans la phase prédiction, on demande que $\Delta\lambda_1$ n'est plus arbitrairement fixé mais lié à Δu_1 par une liaison :

$$C[\Delta u_1, \Delta u_1] + \alpha^2(\Delta\lambda_1)^2 = (\Delta s)^2 \qquad (10.18)$$

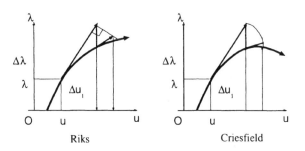

Figure 10.5: Contrôle de longueur d'arc

où C est une forme quadratique , α et Δs des constantes judicieusement choisies. Les équations (10.17) et (10.18) montrent alors que

$$\Delta u_1 = \Delta \lambda_1 \, q_1 \ , \ \Delta \lambda_1 = \frac{\Delta s}{\sqrt{\alpha^2 + C[q_1, q_1]}} \, sign(K) \quad avec \ q_1 = K_1^{-1} \, p$$

et la convention $sign K = 1$ si K est défini positif, et $sign K = -1$ sinon.

Pour un système conservatif, K est symétrique, $det K$ se calcule facilement à partir de la décomposition classique $K = L^t D L$, L étant une matrice triangulaire inférieure à diagonale unitaire et D une matrice diagonale, car $det K = det D$, sa perte de positivité est facile à déceler.

Dans la phase correction, on itère de nouveau, avec une liaison :

$$C[\Delta u_i, n_i] + \alpha^2 \Delta \lambda_i \ell_i + \beta = 0$$

où n_i et ℓ_i sont judicieusement choisis. Par exemple, [58], [73], [37] :
La méthode de Riks correspond à $\beta = 0$, $\ n_i = \Delta u_1 \ et \ \ell_i = \Delta \lambda_1$.
La méthode de Criesfield correspond à $\beta = -(\Delta s)^2$, $\ n_i = \Delta u_i \ et \ \ell_i = \Delta \lambda_i$.

10.4.2   Méthodes basées sur les développements asymptotiques

On peut aussi respecter la démarche théorique en cherchant la courbe d'équilibres par son développement asymptotique au voisinage d'un point régulier.

On a vu dans les chapitres précédents que le calcul des différents termes u_i du développement :

$$u = u_0 + u_1 \xi + u_2 \frac{1}{2} \xi^2 + ..., \quad \lambda = \lambda_0 + \lambda_1 \xi + \lambda_2 \frac{1}{2} \xi^2 + ...$$

s'effectue par la résolution de plusieurs problèmes linéaires :

$$K v_i = f_i$$

avec le même opérateur linéaire K et des seconds membres différents , fonctions des données et des ordres inférieurs $i - p$.

Après une discrétisation par éléments finis par exemple, il faut résoudre une équation matricielle avec plusieurs seconds membres différents. C'est donc un procédé facile et peu couteux. Cette méthode a connu récemment un grand développement dû à Potier-Ferry et Cochelin :

On peut pousser le développement théorique jusqu'à un ordre quelconque. On est limité néamoins par le rayon de convergence de la série entière considérée. D'une façon générale, le rayon de convergence est lié à la présence d'un point de bifurcation proche. Ce rayon est faible au voisinage d'un tel point.

On peut aussi adopter un paramètre de développement ξ différent de la composante suivant le mode de la réponse. Par exemple, la plus simple solution consiste à prendre $\xi = \lambda - \lambda_0$. Pour mieux contrôler les incréments de charge, on peut aussi prendre $\xi = (u - u_0)u_1 + (\lambda - \lambda_0)\lambda_1$ en s'inspirant des méthodes de contrôle de longueur d'arc.

La fig.(10.6) reproduit un résultat de calcul avec la dernière définition du paramètre ξ. Il s'agit d'une coque cylindrique sur appuis simples sur deux cotés et chargée au centre par une force concentrée. Dans cet exemple, le rayon de convergence est proche de $\xi = 2.6$.

D'une façon générale, on peut détecter le rayon de convergence en comparant les résultats numériques donnés par deux développements consécutifs d'ordre n et d'ordre $n + 1$. En effet, les tests numériques ont montré que ces résultats sont très proches à l'intérieur du domaine de convergence et s'écartent brusquement lorsqu'on atteint le rayon de convergence.

L'état d'arrivée d'un pas de calcul est fixée arbitrairement à l'intérieur du domaine de convergence. On repart de cet état avec un nouveau développement asymptotique et un nouveau rayon de convergence. De cette manière, la courbe d'équilibres est numériquement construite par tronçons successifs. La fig.(10.7) reproduit un exemple de calcul donné par ces auteurs. Il s'agit de la détermination numérique d'une réponse statique de coque cylindrique avec une petite imperfection géométrique. Pour une précision numérique demandée, le premier pas est grand car la réponse est pratiquement linéaire. Vient ensuite un second pas plus petit, suivi de six tout petits pas , les rayons de convergence étant plus faibles au voisinage du point de bifurcation de la structure parfaite. La longueur des pas redevient importante loin du point critique.

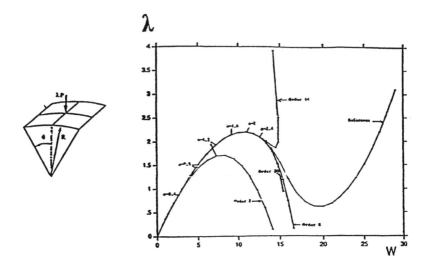

Figure 10.6: Rayon de convergence
d'après Potier-Ferry et al. [9]

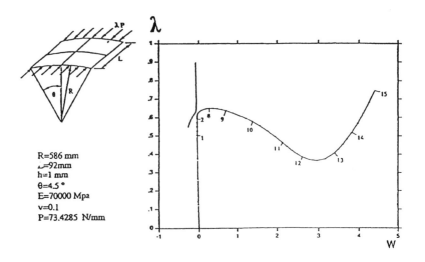

Figure 10.7: Calcul d'une courbe d'équilibres
d'après Cochelin et Potier-Ferry

Bibliographie

[1] R. Abraham, J.E. Marsden, and T. Ratiu. *Manifolds, tensor, analysis and applications*. Springer-Verlag, New York, 1988.

[2] S. Akel. *Sur le flambage des structures élastoplastiques*. PhD thesis, Ecole Nationale des Ponts et Chaussées, Paris, France, 1987.

[3] N. I. Akhieser and I. M. Glazman. *Theory of linear operator in Hilbert spaces*. Fred. Ungar Pb., New York, 1961.

[4] A. A. Andronov. Mathematical problems of the self-oscillations theory. In *I Vsesojusnaia Konferenzia po kolebanijam*, pages 32–72, 1933.

[5] P. Antman and J. Keller. *Bifurcation theory and nonlinear eigenvalue problems*. Benjamin, New York, 1969.

[6] J. Arbocz. *Post-buckling behaviour of structures : Numerical techniques for more complicated structures*, pages 83–142. Springer-Verlag, Berlin, 1987.

[7] V. I. Arnold. *Ordinary differential equations*. M.I.T. Press, New York, 1973.

[8] V. I. Arnold. Bifurcations and singularities in mathematics and mechanics. In *Theoretical and Applied Mechanics, 17th ICTAM Conference*, pages 1–25, 1988. North Holland.

[9] L. Azrar, B. Cochelin, N. Damil, and M. Potier-Ferry. An asymptotic-numerical method to compute the post-buckling behaviour of elastic plates and shells. *Int. J. Numer. Methods in Engineering*, 36:1251–1277, 1993.

[10] Y. Bamberger. *Mécanique de l'ingénieur : Système de corps rigides*. Hermann, Paris, France, 1981.

[11] J. L. Batoz and G. Dhatt. Incremental displacement algorithms for nonlinear problems. *Int. J. Numer. Methods Engng*, 14:1262–1266, 1979.

[12] G. Baylac. Recent advances in nuclear component testing and theoretical studies on buckling. In *ASME Special Publication , Pressure Vessels and Piping Conference*, San Antonio, Texas, 1984.

[13] Z. Bazant and L. Cedolin. *Stability of structures (elastic, plastic, fracture and damage theories)*. Oxford University press, London, 1991.

[14] P. Bérest. *Notes pour le cours de Mécanique analytique*. Ecole Polytechnique, Edition 1992, Palaiseau, France, 1992.

[15] P. Bérest, E. Bourgeois, and L. P. Pelé. Dérivation seconde de l'action fonction des coordonnées. *C. R. Acad. Sciences*, II, 314:547–552, 1992.

[16] J. F. Besseling and A. M. A. Van der Heijden. *Trends in Solid Mechanics.* Delft Unversity Press & Sijthoff and Noordhoff Pub., Delft, The Netherlands, 1979.

[17] M. A. Biot. *Mechanics of incremental deformation.* Wiley, New York, 1965.

[18] V. V. Bolotin. *Nonconservative problems of the theory of elastic stability.* Pergamon Press, Oxford, London, 1963.

[19] V. V. Bolotin. *The dynamic stability of elastic systems.* Holden Day, San-Francisco, 1964.

[20] V. V. Bolotin and N. I. Zhinzher. Effects of damping on stability of elastic systems subjected to nonconservative forces. *Int. J. Solids Structures*, 5:965–989, 1969.

[21] J. Brochard and A. Combescure. Dix ans de comparaison calculs-essais dans le domaine du flambage et du post-flambage des structures. In *Calcul des structures et intelligence artificielle, Volume 1*, Paris, 1987. Pluralis.

[22] D. Brush and B. Almroth. *Buckling of bars, plates and shells.* McGraw-Hill, New York, 1975.

[23] B. Budiansky. Theory of buckling and post-buckling behaviour of elastic structures. In *Advances in Applied Mechanics*, volume 14, pages 1–65. Academic Press, New York, 1974.

[24] D. Bushnell. *Computerized buckling analysis of shells.* Kluwer Academic Pub., Hingham, 1985.

[25] H. Cabannes. *Mécanique générale.* Dunod, Paris, 1966.

[26] X. Chateau and Q. S. Nguyen. Buckling of elastic structures in unilateral contact with or without friction. *European Journal of Mechanics, A/Solids*, 10:71–89, 1991.

[27] P. G. Ciarlet. *Cours d'analyse numérique.* Ecole Nationale des Ponts et Chaussées, Paris, France, 1970.

[28] B. Cochelin. Méthodes asymptotique numériques pour le calcul nonlinéaire géométrique des structures élastiques. mémoire d'habilitation à diriger les recherches. Technical report, Université de Metz, Metz, France, 1994.

[29] B. Cochelin and M. Potier-Ferry. Interaction entre les flambages locaux et la propagation des délaminages dans les composites. In *Calcul des structures et intelligence artificielle, Volume 4*, Paris, 1991. Pluralis.

[30] E. A. Coddington and N. Levinson. *Theory of ordinary differential equations.* McGraw-Hill, New York, 1955.

[31] L. Collatz. *The numerical treatment of differential equations.* Springer-Verlag, New York, 1966.

[32] A. Combescure. Static and dynamic buckling of large thin shells. *Nucluar Engng and Design*, 92:329–354, 1986.

[33] A. Combescure. Etude numérique du flambage plastique des coques de révolution. In *Calcul des structures et intelligence artificielle, Volume 3*, Paris, 1989. Pluralis.

[34] M. Como and A. Grimaldi. Stability, buckling and post-buckling of elastic structures. *Meccanica*, 4:254–268, 1975.

[35] C. Cornuault. Développements pour l'analyse de la tenue des structures travaillant en post-flambage. In *Calcul des structures et intelligence artificielle , Vol. 1*, Paris, 1987. Pluralis.

[36] J. Courbon. *Résistance des matériaux, Tomes 1 et 2*. Dunod, Paris, 1964.

[37] M. A. Criesfield. An arc length method including line search and acceleration. *Int. J. Numer. Methods Engng*, 19:1269–1289, 1983.

[38] P. Destuynder and G. Galbe. Analyticité de la solution d'un problème hyperélastique nonlinéaire. *C. R. Acad. Sciences*, A287:365–369, 1978.

[39] S. Dowell. *Aeroelasticity of Plates and shells*. Noordhoff, Leyden, 1975.

[40] G. Duvaut and J. L. Lions. *Les inéquations en Mécanique et en Physique*. Dunod, Paris, France, 1972.

[41] I. Ekeland and R. Temam. *Analyse convexe et problèmes variationnels*. Dunod, Paris, France, 1974.

[42] M. S. El Naschie. *Stress, Stability and Chaos in structural engineering: an energy approach*. Mc Graw-Hill, London, 1990.

[43] M. Frémond. Matériaux à mémoire de forme. *C. R. Acad. Sciences*, II-304:239–244, 1987.

[44] G. Galbe and Y. Mézière. Upper and lower bounds for critical loads. In *Buckling of structures*, Saint Rémy lès Chevreuse, 1980.

[45] M. Géradin. Aspects numériques et logiciels de l'approche éléments finis à l'analyse dynamique des systèmes articulés flexibles. In *Colloque national en calcul des structures*, Paris, 1993. Hermès.

[46] P. Germain. *Mécanique, Tomes I et II*. Ellipses, Ecole Polytechnique, France, 1986.

[47] G. Herrmann. Stability of equilibrium of elastic systems subjected to non-conservative forces. *Applied Mechanics Reviews*, 20:1–103, 1967.

[48] H. D. Hibbitt. Some follower forces and load stiffness. *Int. J. Num. Meth. Engng*, 14:937–941, 1979.

[49] E. Hopf. Abzweigung einer periodischeu losung eines differential systems. *Ber. Math. Phys. Sadische Akademie der Wissensahften*, 94:1–22, 1942.

[50] K. Huseyin. *Nonlinear theory of elastic stability*. Noordhoff, Leyden, 1975.

[51] K. Huseyin. *Vibrations and stability of multiple-parameter systems*. Sijthoff & Noordhoff, Netherlands, 1978.

[52] G. Iooss and D. D. Joseph. *Elementary stability and bifurcation theory*. Springer-Verlag, New York, 1981.

[53] D. D. Joseph. Bifurcations in fluid mechanics. In *Proceedings of the 15th ICTAM Theoretical and Applied Mechanics*, pages 295–305, 1980. Rimrott & Tabarrok editors, North Holland.

[54] O. Kavian. *Introduction à la théorie des points critiques*. Springer-Verlag, Paris, 1993.

[55] W. T. Koiter. *Over de stabiliteit van het elastisch evenwicht*. PhD thesis, University of Delft, Amsterdam, Hollande, 1945.

[56] W. T. Koiter. On the thermodynamic background of elastic stability theory. In *Problems of hydrodynamics and continuum mechanics*, pages 423–433, Philadelphia, 1967.

[57] W. T. Koiter. *General theory of shell stability*. Springer-Verlag, CISM Course, Wien-New York, 1980.

[58] R. Kouhia and M. Mikkola. Tracing the equilibrium path beyond simple critical points. *Int. J. Numer. Methods in Engineering*, 28:2923–2941, 1989.

[59] L. Landau and E. Lipschitz. *Mécanique, Tome I du Cours de Physique Théorique*. Editions Mir, Moscou, Russie, 1966.

[60] J. P. LaSalle and S. Lefchetz. *Stability by Liapunov's direct method with applications*. Academic Press, New York, 1961.

[61] J. P. LaSalle and S. Lefchetz. *Nonlinear differential equations and nonlinear mechanics*. Academic Press, New York, 1963.

[62] H. H. E. Leipholz. *Stability theory*. Academic Press, New York & London, 1970.

[63] J. E. Marsden and M. McCracken. *The Hopf bifurcation and its applications*. Springer-Verlag, New York, 1976.

[64] E. F. Masur. Buckling of shells : general introduction & review. In *ASCE National Structural Engng Meeting, San Francisco*, pages 100–125, 1973.

[65] E. F. Masur and C. H. Popular. On the use of complementary energy in the solution of buckling problems. *Int. J. Solids & Structures*, 12:203–216, 1976.

[66] Y. Mézière. *Quelques aspects de la stabilité et de la bifurcation élastique*. PhD thesis, Université Pierre & Marie Curie, Paris, France, 1987.

[67] J. J. Moreau. *Mécanique classique*. Masson, Paris, France, 1968 (Tome 1), 1971 (Tome 2).

[68] H. Poincaré. *Les méthodes nouvelles de la mécanique céleste*. Gauthiers-Villars, Paris, France, 1899.

[69] M. Potier-Ferry. Bifurcation et stabilité pour des systèmes dérivant d'un potentiel. *J. de Mécanique*, 17:579–608, 1978.

[70] M. Potier-Ferry. *Fondement mathématiques de la théorie de la stabilité élastique*. PhD thesis, Université Pierre & Marie Curie, Paris, France, 1978.

[71] M. Potier-Ferry. Critère de l'énergie en élasticité et en visco-élasticité. In *Flambement des structures*, 1980.

[72] M. Potier-Ferry. Foundations of elastic post-buckling theory. In Arbocz J., Potier-Ferry M., Singer J., and Tvergaard V., editors, *Buckling and post-buckling*, pages 1–79. Springer-Verlag, Lecture Notes in Physics 288, Berlin, 1985.

[73] E. Riks. An incremental approach to the solution of snapping and buckling problems. *Int. J. Solids & Structures*, 15:529–551, 1979.

[74] E. Riks. Some computational aspects of the stability analysis of nonlinear structures. *Comp. Meth. Appl. Mech. Engng*, 47:219–259, 1984.

[75] E. Riks. On formulations of path-following techniques for structural stability analysis. In *New advances in Computational structural mechanics*, pages 65–79, Amsterdam, 1992. Elsevier Science Pub.

[76] Y. Rocard. *L'instabilité en Mécanique*. Masson, Paris, France, 1964.

[77] M. Roseau. *Vibrations nonlinéaires et théorie de la stabilité*. Springer-Verlag, Berlin, 1966.

[78] J. Salençon. *Mécanique des Milieux Continus*. Ellipses, Ecole Polytechnique, France, 1988.

[79] D. Sattinger. *Topics in stability and bifurcation theory*. Springer-Verlag, Berlin - New York, 1973.

[80] L. Schwartz. *Méthodes mathématiques pour les sciences physiques*. Hermann, Paris, France, 1965.

[81] M. J. Sewell. On the branching of equilibrium paths. *Proc. Roy. Soc. London*, A315:499–518, 1970.

[82] R. Seydel. *From equilibrium to chaos, Pratical stability analysis*. Elsevier, New York, 1989.

[83] S. L. Sobolev. *Partial differential equations of mathematical physics*. Pergamon Student Editions, Oxford, London, 1964.

[84] E. Sternberg and J. K. Knowles. On the failure of ellipticity and the emergence of discontinuous deformation gradients in plane finite elastostatics. *J. of Elasticity*, 8(4):329–345, 1978.

[85] R. Thom. *Stabilité structurelle et morphogénèse*. Benjamin, London, 1974.

[86] J. M. Thompson and G. W. Hunt. *A general theory of elastic stability*. J. Wiley and sons, New York, 1973.

[87] J. M. T Thompson. *Instability and Catastrophes in Sciences and Engineering*. John Wiley, Chichester, 1982.

[88] S. P. Timoshenko and J. M. Gere. *Theory of elastic stability*. Mc Graw-Hill, New York, 1961.

[89] N. Triantafyllidis. Stability and bifurcation in structures and continua. Technical report, Book in preparation, University of Michigan Ann Arbor, 1992.

[90] H. Troger and A. Steindl. *Nonlinear stability and bifurcation theory*. Springer-Verlag, Wien, New York, 1991.

[91] M. M. Vainberg and V. A. Trenogin. The method of Liapounov and Schmidt in the theory of nonlinear equations and their further development. *Russian Math. Surveys*, 17:1–60, 1962.

[92] R. Valid. *La mécanique des milieux continus et le calcul des structures*. Eyrolles, Paris, France, 1977.

[93] B. van der Pol. On relaxation-oscillations. *Phil. Mag.*, 7:978–992, 1926.

[94] K. Yosida. *Functional Analysis*. Springer-Verlag, Berlin - New York, 1966.

[95] O. C. Zienkiewvicz. *La méthode des éléments finis*. Ediscience, Paris, France, 1973.

Index

Déjà parus dans la même collection